NONGJI XINJISHU
TUIGUANG YINGYONG YANJIU

农机新技术
推广应用研究

汪振荣　王计新　李肖婷 ◎ 编

中国农业科学技术出版社

图书在版编目（CIP）数据

农机新技术推广应用研究 / 汪振荣，王计新，李肖婷编 . -- 北京：中国农业科学技术出版社，2020.4

ISBN 978-7-5116-4638-5

Ⅰ . ①农… Ⅱ . ①汪… ②王… ③李… Ⅲ . ①农业机械化—技术推广—新技术应用—研究 Ⅳ . ① S232.9

中国版本图书馆 CIP 数据核字 (2020) 第 038315 号

责 任 编 辑	闫庆健　王思文　马维玲
责 任 校 对	贾海霞
出 版 者	中国农业科学技术出版社
	北京市中关村南大街 12 号　邮编：100081
电 话	（010）82106625（编辑室）（010）82109704（发行部）
传 真	（010）82106625
网 址	http://www.castp.cn
经 销 者	各地新华书店
印 刷 者	北京建宏印刷有限公司
开 本	787 mm×1092 mm　1/16
印 张	10
字 数	154 千字
版 次	2020 年 4 月第 1 版　2020 年 4 月第 1 次印刷
定 价	48.00 元

前　言

随着农业工程及其关联技术的进步，农业机械已经成为我国现代农业生产的重要物质基础，农业机械化更是农业现代化的重要组成部分和标志。要实现我国农业现代化，向农业强国发展以及增强农业综合生产能力，保障国家粮食安全和促进农民增收，促进传统农业向现代农业转变的关键是需要大力发展普及农业机械。因此，采用先进的科学技术提高农业机械的研究和设计水平，建立农业机械的数字化设计理论、方法及软件平台，积极推广农机新技术，使我国农业机械实现跨越式发展，是促进早日实现农业机械化和实施国家农业中长期科技发展战略的重要措施。特别是《中华人民共和国农业机械化促进法》的颁布实施，确立了农业机械化在农业、农村经济发展中的地位和作用，标志着我国进入依法促进农业机械化事业发展的崭新阶段，农机新技术的推广应用也将进入新的阶段。

本书首先就农业机械的相关情况做了简要总结，然后对耕整地机械、播种机械、植保机械、排灌机械、收获机械和农副产品加工机械等主要生产环节使用的机械设备进行了介绍，最后就农业装备智能控制系统的发展动态进行了讨论。本书是在总结农业生产过程中的实际问题以及近年来农业科技新成果的基础上编写而成的，希望能够帮助读者理解以及熟练使用相关机械并根据具体情况选择合适的机械，进而推动当地农业机械化的推广。

笔者在书稿写作过程中思考了许多从前未涉及过的问题，学习了许多新理论、新思想、新知识，自身传统认知与这些新鲜事物的碰撞是激烈的，可以说书稿的写作历程也是一次成长和改变。

感谢我的同事们，感谢他们的支持与合作，没有他们的加入，我的研究就无从开展；感谢我的家人，他们在我写作过程中给予了大力支持、理解和关怀；为了能够使我安心写作，他们分担了家庭的大部分重任，我所取得的每一点进步，都凝聚着家人大量的心血和付出；我还要感谢所有参考文献的作者，是他们富有创造性的研究工作奠定了我写作此书的基础。

鉴于本人学识水平和研究写作时间，书稿中难免有不足和有待商榷之处，希望读者多提宝贵建议和意见。

编　者

2019 年 10 月

目　录

第一章　农业机械概述 ·· 1

　　第一节　农业机械概述 ·· 3

　　第二节　农业机械化的现状及发展趋势 ·································· 8

　　第三节　农业机械化的影响因素及其在农业发展中的作用和推广··· 12

　　第四节　农业机械化与乡村振兴的深度融合 ·························· 19

第二章　耕整地机械 ·· 23

　　第一节　耕整地机械概述 ·· 25

　　第二节　耕地机械（铧式犁） ·· 30

　　第三节　整地机械 ·· 34

　　第四节　保护性耕作机械 ·· 42

第三章　播种机械 ··· 49

　　第一节　播种机械概述 ·· 51

　　第二节　玉米播种机械化技术 ·· 58

　　第三节　玉米精量播种机械化技术 ······································ 74

第四章　植保机械 ··· 77

　　第一节　植保机械概述 ·· 79

　　第二节　背负式手动喷雾器 ··· 82

　　第三节　背负式机动喷雾喷粉机械 ······································ 85

　　第四节　担架式喷粉机械 ·· 90

　　第五节　超低量喷雾机 ·· 94

　　第六节　其他植保机械 ·· 97

第五章　排灌机械…………………………………………………… 99

　　第一节　排灌概述……………………………………………… 101

　　第二节　农用水泵……………………………………………… 103

　　第三节　节水灌溉与设备……………………………………… 107

　　第四节　设施农业灌溉技术…………………………………… 113

第六章　收获机械…………………………………………………… 121

　　第一节　谷物联合收获机……………………………………… 123

　　第二节　玉米收获机械………………………………………… 136

　　第三节　马铃薯机械收获技术………………………………… 140

参考文献…………………………………………………………… 150

第一章 农业机械概述

第一节　农业机械概述

一、农业机械的概念、分类及性能术语

（一）农业机械的概念

现代农业生产包含种植业、养殖业、加工业等多种行业和产前、产中、产后等多个环节。用于农业生产的机械设备都可称为农业机械，它包括动力机械与作业机械两个方面。动力机械，为作业机械提供动力；作业机械（俗称"农机具"），是田间作业的主要完成者，它能完成土壤耕作、作物播种、植物保护、田间管理和作物收获等农田作业。本书主要介绍作业机械的使用和维护。

（二）农机具的分类

有些作业机械需与动力机械以一定的方式挂接起来，形成作业机组，进行移动性作业，如耕地机组、整地机组、播种机组等；有些作业机械与动力机械以一定方式连接，进行固定性作业，如水泵机组、脱粒机组等；还有些作业机械与动力机械设计制造成一个整体，如自走式联合收割机等。

按照作业类型的不同，农机具可以分为耕作机械、播种机械、植保机械、节水灌溉机械和收获机械等。耕作机械主要有犁、耙、深松机、旋耕机和复式联合作业机等；播种机械有常量播种机、精量播种机和免耕播种机等；植保机械有喷杆喷雾机、手动喷雾器和背负式喷雾喷粉机等；节水灌溉机械有水泵、过滤器、喷微滴灌设施等；收获机械有小麦收获机、水稻收获机、玉米收获机和经济作物收获机等。

按配套动力大小的不同，农机具可以分为小型农机具、中型农机具和大型农机具。小型农机具的配套功率小于 15kw，中型农机具配套功率为

15～37kw，大型农机具的配套功率大于36.75kw。目前我国中小型农机具数量、种类较多，而大型、高性能农机具较缺乏。

（三）农机具常用术语

农机具的使用说明书中，一般都注明了该机具的特性和所能达到的技术要求，如机具的生产能力、配套动力、能源消耗率、工作速度、转速、扭矩及作业质量等指标。

1. 机具的生产能力（生产率）

是指单位时间内机具所完成的作业量。常用小时生产率和班次生产率来表示，对于连续作业的机械，也可用日生产率来表述机具的生产能力。

2. 能源消耗率

是指完成单位数量作业所消耗的能源。如每标准亩的耗油量、每吨原料的耗电量、每烘干1吨成品量的煤耗量、柴油机每马力小时的燃油消耗量等。

3. 功率

分为输出功率和输入功率，对于原动机械，输出功率是指单位时间内原动机对外所发出的效能；输入功率是指从动机单位时间内所吸收的能耗。功率的单位常用千瓦或马力表示，两者之间的换算关系为：$1kw \approx 1.36$ 马力。

农用柴油机的输出功率是指净输出功率，按不同的作业用途和使用特点分为以下四种功率标准：

（1）15min 功率（发动机允许连续运转 15min 的最大有效功率），适用于需要有短时良好超负荷和加速性能的汽车、摩托车等。

（2）1h 功率（发动机允许连续运转 1h 的最大有效功率），适用于需要有一定功率储备以克服突增负荷的轮式拖拉机、机车、船舶等。

（3）12h 功率（发动机允许连续运转 12h 的最大有效功率），适用于需要在 12h 内连续运转又需要充分发挥功率的拖拉机、排灌机械、工程机械等。

（4）持续功率（发动机允许长期连续运转的最大有效功率），适用于需要长期持续运转的农业排灌机械、船舶、电站等。

4.工作速度

是指单位时间内机具所走过的距离。常用千米／小时（km/h）、米／秒（m/s）等单位表示。

5.转速

是指单位时间内旋转部件所转过的圈数。常用每分钟所转圈数来表示（r/min）。

6.扭矩

力和力臂的乘积即为扭矩。对于旋转部件，扭矩表示在一定转速下所能克服的阻力矩的大小。

二、农机具的特点

（一）作业对象种类繁多

农业机械的作业对象有土壤、肥料、种子、农药等物料，因此要求农业机械能适应相应物料的特性，以满足各项作业的农业技术要求，保证农业增产丰收。

（二）多样性和区域性

由于农业生产过程包括许多不同的作业环节，同时各地自然条件、作物种类和种植制度等又有较大的差异，这就决定了农业机械具有多样性和区域性的特点。因此，在选择和使用农业机械时，必须以能满足当地的农业生产要求为依据。

（三）作业有季节性

大多数农业机械如耕整地机械、播种机械、谷物收获机械等作业时间受季节限制，即必须在农时限定的时间内完成相应作业。因此，要求农业机械有可靠的工作性能，有较高的生产率，并能适应作业季节的气候条件。

（四）工作环境差

多数农业机械为露天作业，因此要求农业机械应具有较高的强度和刚度，有较好的耐磨防腐、抗震等性能，有良好的操纵性能，有必要的安全防护设施。

三、农业机械化的重要性

要想实现粮食的平稳增收，必须大力地推进农机现代化建设，提高农业机械化水平准，促进粮食作物的产量提高，最终推动新农村建设，提高农民的经济收入、生活水平，推动农村的经济发展。

推广农业机械化是实现农业现代化的基础。只有推广农业机械化，才能有效地提高产出率、生产率，才能进一步增强农业综合劳动生产率。通过推行先进的农作理念，适度的规模经营，从而提高农村劳动力的转移速度，有利于进一步推进新农村建设。因此，现代化的农机推广能有效地提高农业生产力。农业现代化的步骤和流程有很多，比如，农机设备、农机的管理、种植的农业科学技术、后期的收获等，但劳作的基础就是农业机械设备的投入。对于农业现代化的目标，要普及农机才能够推进，前期的推广也十分重要。通过当前先进技术的支持，提高整体的生产力，大力推广农机生产，从而提高农作物产量，创造经济效益，提高农业的发展速度，促进农业产业的发展。大力推广农机的使用，不仅可以拓宽农民增收渠道，还能够增加就业率，解放劳动力。所以，现代化农机水平理应得到加强，农业机械设备的推广与应用是改善农业生产条件的主要方式，因此，在普及农机、提高农民经济收入方面农机化的重要性不言而喻。当前来说，我国农业机械化普及程度不高，需要解决和面对的问题，具体的实际应用需要相关人员的共同努力。使整个种植过程从播种到收获都能达到机械化。这样的现代机械化能够促进我国农业的整体进步，能够减少城乡二元结构化程度，协调发展城乡之间的关系，推动整体的现代化水准，从而离社会主义新农村更进一步，让农民能够体验到农业现代化的成果和优越性，向具有中国特色的社会主义农村现代化迈进。

对于实现农机现代化来说，利用农机进行生产、劳作，能够降低不必要的时间成本，降低生产成本，提高农业生产效率。与此同时，农业机械化的生产能够加速农业科技成果转化，不断改良、精进，提高农业机械的技术，从而方便农业生产。从另一个角度来说，农机化能提高作物质量，保障作物安全。所以，农业机械化若能得到有效推广，我国的农业现代化必然稳步推进。

第二节　农业机械化的现状及发展趋势

随着科技的不断进步，我国农业机械化水平得到显著提升，在发展过程中也存在这样那样的问题，而这些问题的出现，也在一定程度上阻碍了农业机械化的整体发展。就现阶段我国农机发展情况来看，农业机械化的普及不仅可以使农作物增收，也可以在一定程度上促进我国经济的发展和社会的长治久安。因而在农业生产过程中进一步提升机械化水平也是十分有必要的。

一、我国农业机械化取得的成果

我国在推进农业机械化进程中可能遇到过这样或那样的问题，但从整体发展来看还是取得了一定的成果的：例如，像建立了比较完善的农机工业体系。另外，我国由单纯地生产农业机械发展到生产涵盖畜牧业、林业以及渔业等在内的农机产品。和大型的农机产品相比，我国更善于生产小型农机产品，其优势在于确保质量的同时制造成本较低。近几年随着我国农业发展的需求，我国有关部门也增加了对农业机械产品研究的投入力度，并取得了一定的成效。其中生产成功并投入使用的产品包括林业机械、渔业机械、农业机械以及畜牧业机械，例如，像农业作业中最为常用的产品有各种粮食作物收割机以及脱粒机、拌种机、起垄机、旋耕机；林业作业中最常用的产品有采种机、挖坑机、割灌机、筑床机和植树机等。农业机械产品不仅满足了不同区域不同种植种类的需求，同时这一些产品也销往东南亚的部分地区和国家，在一定程度上促进我国经济发展。

二、我国农业机械化在发展过程中存在的问题

（一）农业机械化水平的区域性差异明显

现阶段，阻碍我国农业机械化发展最主要的原因就是农业机械化水平

存在明显的区域性差异。由于我国地域面积比较大,南北和东西跨度比较广,各个地方的地形和气候以及人口分布极为不均等,例如,部分地区土地极为缺乏,而有的地域劳动力过剩,就会导致经济发展落后进而制约农业机械化发展水平。和西部相比,东部地区的农耕面积在全国总农耕面积中所占比重不算太多,但是由于东部地区经济发展较为发达,拥有强大的经济基础,农用机械的占有量则在农机总量的一半以上,而西部地区,由于受地形的影响,经济发展比较落后,农耕面积占全国农耕面积的比重虽然不多,但是农机拥有量和农耕面积相比还是相差甚远,农耕面积和农机占有量的不均等导致东、西部地区农业发展存在巨大差异。

(二)农机品种存在一定缺陷

我国在对不同农机的研发和生产中存在"瘸腿"现象,对于某一类农用机械在研发和设计上较为先进,但是对于另一类机械的研发和生产就相对落后,如此一来,就会导致某一农用机械生产供不应求,而另一类农用机械的研发和生产受阻。例如,由于棉花机械化水平较为落后,导致我国棉花的种植面积也越来越少。另外,部分地区的玉米种植机械化水平也处在一个起步阶段。总而言之,各类农用机械发展不均衡极大地影响了农机产品的使用效率,阻碍了我国农业的整体发展。

(三)农业机械在使用过程中存在一定问题

农机产品的使用在解放劳动力的同时也增加了农民的经济收入。但是在实际工作中农机在使用中还存在一定的问题。现阶段,农机使用过程中存在的问题大致可分为三个方面:买不起、不会用以及效益差。部分地区经济发展相对落后,农民由于经济条件的限制买不起农机产品,部分地区还使用传统的耕作方式进行农业作业,和其他行业相比,农民的文化水平相对较低,当农机在使用过程中出现故障时,不会弄、弄不好,又没有相对完善的农机机械修理市场,甚至还需要到指定地点进行维修,维修过程比较麻烦,进而出现购买的农机闲置,没有发挥应有的作用等现象。

三、我国农业机械化发展趋势

"建设节约型社会"对农机装备零排放、低能耗的需要日益迫切。加上资源越来越紧张，燃油的价格不断上升，我国将重点发展节约水资源、节约能耗、节约肥料、可使农业成本降低的农业机械，我国还要使农机装备的产量增加来适应当今市场环境的需要。

农业作业方式自动化与农机装备智能化为发展高效率的农业提供了途径，在国际竞争越来越激烈的环境下，只有使农机装备与发达国家的差距不断缩小，才能使自动化和智能化比较高的产业不能对我国的市场进行操控，不能让它们对农机的发展起到制约和阻碍作用。我国已经有了一些比较成熟、便于使用的系统及设备，比如地理信息系统、全球定位系统、遥感系统、变速自理设备、连续数据采集传感器、决策支持系统等，可以对这些技术进行充分的利用，或者在这些的基础上对已经得到我国农业机械化发展的产品进行再次开发，使之促进我国农业系统化水平和农业智能化水平。按照世界农业发展的一些经验以及世界的科学技术发展的情况来判断，我国农业装备将会越来越绿色，信息化和自动化将向着越来越高的方向发展。

（一）农业传感技术的应用

要想在农业生产中实现农业机械自动化，首先就要对农机进行有效的实时检测，及时发现问题，处理问题；其次就是要准确评价农业产品生物活化和形态，要想实现这两个目标，就必须提升农业传感技术的应用。纵观现阶段我国传感技术的发展，其在农业生产中发挥了一定的作用，例如像谷物湿度传感器可以实时检测谷物的湿度，温度传感器和湿度传感器则可以实时对储存的或正在烘干的谷物的湿度或温度进行有效检测。同时，有关科研人员也在不断对农业传感技术进行不断的优化，随着农业的不断发展，农业传感这一技术在后续农业发展中的作用也会更加显著。

（二）计算机和电子技术的应用

计算机技术和电子技术的普及应用不仅促进了经济的发展，也极大地方便了人们的生活和工作，基于计算机技术和电子技术的优势，可以将这两种技术应用在农机装备中，将各个智能芯片放到农机产品中，农民就可以对农机实施远程操控，使农业智能的实现变成可能；再者，在大型农机产品的各个部位，安装微型探头，一旦农机出现故障，就不需要对农机进行解体检测，可以直接通过探头迅速找到问题点并快速解决问题，节约大量时间。另外，随着科研人员对相关技术的不断优化，电子技术的性能也趋于完善，对潮湿、灰尘等相对恶劣环境的适应能力也来越强。

（三）农用机器人技术的应用

农用机器人是集自动控制、人工智能、机械、电子以及计算机技术于一体的高新技术。将这一技术应用于农业生产中，可以极大地提升农业发展速度。但是，我国地形地貌以及生态环境都比较复杂，对农业智能机器人的要求也很高，在使用过程中也出现了很多问题。随着我国科技的快速发展，其技术难关以及存在问题也会被一一攻破和解决。

（四）农业体系将会更加精确

何为精确农业体系？一般来讲，就是通过对影响农作物生长的各种因素进行分析，在尊重农作物生长规律的情况下借助科技对农作物的生长进行干预。由于精确农业体系是一个庞大并具有高科技含量的系统，因而这一系统的建立必须要以决策支持系统、智能化的农业机械技术、信息采集处理等技术为依据，当前计算机技术和人工智能技术在工业领域得到广泛应用，但在农业领域的推广和应用并不广泛，立足农业，推广和使用相关高新技术，是大势所趋。

在农业生产中实现机械化对于我国经济的发展有着十分重要的作用，国家有关部门应给予高度重视，并在提升机械化的同时要善于发现问题，在发展中针对存在问题制定科学、合理的解决方案，尽可能地提升农业机械化水平。当然，我国在农机发展过程中，也取得了一定的成就，例如建立了较为完善的农机工业体系、生产大量的农机产品。未来农机发展方向也是以农业传感技术、计算机和电机技术为向导的，因而有关科研人员应加快对这些技术的研究。

第三节　农业机械化的影响因素及其在农业发展中的作用和推广

一、农业机械化的影响因素

对于中国而言，农业始终是国家经济发展的基础，我国作为一个以农业为主的国家，只有将农业发展起来，才能在真正意义上起到促进国家发展的目的。因此，应该将机械设备应用到农业中去，通过现代化的机械技术和信息化操作，提高农业现代化水平，从而提高农业生产的工作效率。然而，由于机械化农业在我国还处于发展阶段，许多方面都还不够完善，想要真正发挥出农业机械化的作用，必须要克服这些困难。

（一）农业机械化的影响因素

1.推广队伍水平不符合实际要求

在最近十几年里，国家对农业机械化的推广与发展并没有给予足够的重视，导致与农业机械化方面相关的技术和知识也没有得到发展，在这些因素的影响之下，使得农业机械化始终处于落后阶段，也没有创新和改善。除此之外，由于国家和企业对于农业机械化不够重视，导致工作人员对农业机械化的重要性也不是特别了解，因此，在对职工的培养方面始终存在漏洞，在许多地区，农业机械化工作人员的技术不够完善，很多工作人员虽然有强大的专业技能，但是却没有能够匹配的工作素养，还有一些工作人员在理论知识上虽然能满足农业机械化的要求，但是专业工作能力却无法与理论知识相协调。这就导致了在整个农业机械化中的工作人员平均素质被大大拉低。工作人员的素质问题不但会影响到农业机械化的进程，还会影响到整个农业机械化的推广。

2. 推广手段较为落后

农业机械化在我国还处于发展阶段，不管是国家、企业，还是普通人民群众对农业机械化都不够了解，这就需要加强农业机械化的推广工作，让人们从根本上认识农业机械化，帮助农业机械化在我国发展前进。农业机械化的推广工作所涉及的范围是十分广的，需要在许多领域的专业知识下共同努力，才能确保推广工作的顺利进行。由此可知，在农业机械化推广过程中，能够影响到其推广进程的因素也是多种多样的。在当前阶段，农业机械化所存在的最严重问题是推广手段落后，由于能够参与到农业机械化推广中的工作人员数量不足，导致推广工作的人手不够，无法使用先进的推广手段，使得农业机械化的推广工作被扼杀在了摇篮之中，同时也降低了农业机械化工作的效率。

3. 推广方式的信息化程度不高

就目前的实际推广工作而言，将信息技术与农业机械化推广相结合的推广工作所达到的效果是最好的，因此，在农业机械化推广中应该将信息技术在最大限度上融合进去。然而，由于人们对于农业机械化的认识还不够，所以将信息技术与农业机械化相结合的意识也不够强烈，导致很多地方在农业机械化推广工作中并没有利用到信息化技术。这种脱离信息技术的农业机械化推广工作不但限制了推广工作的进度，还阻碍了农业机械化的工作效率和工作进程。农业机械化推广工作缺乏信息化还有一个重要原因即工作人员对于信息技术的掌握能力和掌握程度不够，导致就算相关企业和相关部门将信息技术应用到了农业机械化的推广工作中，工作人员也不能使用信息技术，从而无法发挥出信息技术的作用。

（二）解决农业机械化影响因素的对策

1. 加强工作人员的培训工作

农业机械化推广工作最好从基层出发，将基层推广工作作为农业机械化推广工作的基础。因此，需要从基层工作人员的工作素养和个人能力着手，基层工作人员是农业机械化的工作基础，他们的能力直接影响农业机械化工作的效率和工作效果。由此可知，需要在一定时间范围内对工作人员进行培养教育，对工作人员的专业技术进行加强改善，让工作人员在实际工作中能充分使用最先进、最完善的工作技术；对工作人员的培训还应该将思想方面的提高加入培训课程中，让工作人员接受最新的农业机械化推广思想和农业机械化工作思想。除此之外，脱岗培训工作也是十分重要的，脱岗培训能避免工作人员的视野受到局限；还能让工作人员学到更多不同方面的知识，丰富经验。

2. 提高农业机械化的宣传力度

加大宣传力度是促进农业机械化的最根本方法，也是最基础措施。提高农业机械化的宣传力度包括以下 2 个措施，从国家和政府方面着手，通过获得国家和政府的支持来为宣传工作提供一个坚实的经济保障。同时，国家政府的制度也是保障农业机械化发展的一个重要基础，政府的制度为了将责任落实，为农业机械化发展提供一个有效保障，政府的制度还能起到一个有效的监管作用，帮助农业机械化的发展资金能每一笔都落实下来；农业机械化还包括了新农业，因此，在推广农业机械化发展的同时还要注意发展新农业，将新农业和农业机械化的优势都完全展现出来，从而帮助农民和普通群众了解农业机械化，在推广过程中更加配合推广工作。

3. 完善管理制度和措施

农业机械化所能取得的成果在很大程度上直接取决于工作人员在工作过程中的态度和责任感，如果工作人员能保持一个积极向上的态度对待工作，那么将能避免许多意外和漏洞。因此，进一步完善与农业机械化相关的规章制度非常重要，要在企业和单位的年终考核当中加入对于农业机械化推广进程的考核，通过考核来让工作人员更加清楚地认识到农业机械化推广工作的重要性。另外，考核结束后还应该添加一个奖惩制度，对推广工作完成较好的工作人员给予相应的奖励，而对于没有完成自己工作任务的工作人员则应该进行处罚，这种清晰明确的奖励和惩罚制度能让工作人员有一个明确的工作目标，在工作过程中以优秀员工为榜样，在最大限度上提高工作效率。

4. 增强信息技术的应用

从当前的实际情况来看，信息技术是促进农业机械化发展的一个重要方式，信息化的建设能帮助农业机械化更加贴合现代社会的发展，将现代技术与传统农业机械化技术相结合，保证农业生产不被时代所落下。现代化信息技术大多数是以互联网技术和计算机网络技术为基础的，因此，想要增加农业机械化的现代化程度，应该首先考虑在农业机械化中加入计算机网络技术，以多媒体技术和网络平台作为媒介，通过信息技术来帮助农业机械化工作汲取外界知识，同时将自身的信息传递出去。由此可知，能掌握并将信息技术应用出来的工作人员也是非常重要的，企业在培养高专业能力的同时还需要培养相应的信息技术人员，让工作人员能在实际工作中灵活地将信息技术应用起来，从根本上提高工作效率。

5. 发展壮大农机服务组织

（1）坚持"引导、扶持、服务、规范"的原则，对农业生产经营的主体进行鼓励，鼓励他们通过各种生产要素的联合，创办出所有制形式多样的农业机械合作机构，使它们的服务能力得到不断的加强，使它们的服务规模得到不断的扩大，使它们的服务质量和效益不断提升。对农机服务组织承包经营流转地和闲置的土地进行支持，使农业生产的方式得到转变。要加大政策扶持力度。对有关税费减免、作业补贴等相关扶持政策进行落实，使扶持农业服务组织进行发展的政策体系建立起来，使工商企业等一些社会资本投入组建农机服务组织的过程中，使投入主体的多元化得到不断的增强。

（2）对创新发展进行引导。对推广过程中出现的一些典型的经验进行广泛的宣传，使农机服务组织能依法进行经营。

（3）对服务指导进行强化。把农机的推广、农机培训维修、农机的信息咨询作为支撑的体系，不断为农机组织提供人才方面的培训、技术方面的培训、政策方面的指导、信息方面的咨询。

6. 不断增强农机的公共服务能力

由于改革开放的不断发展，农机快速发展对农业技术推广、信息服务和安全监理能力的需求越来越强。农机管理部门和各级政府非常重要的任务是提供农业机械化公共服务。

（1）不断推进农业技术推广体系的建设。在推广体系中，国家农业技术推广机构是主导部门，农业服务组织是基础部门，其他机构广泛参与到这个过程中，进行分工与协作，构建出主体多元化的农机推广体系。

（2）对农机安全监理体系的建设进行强化。努力构建把源头的管理、执法的监控和宣传教育作为主要内容的农业机械长效安全机制。使农机安全装备监控能力得到不断的加强。

随着国家经济的发展，我国逐渐从一个传统的农业国家转变成了一个现代化的农业机械化国家。将传统农业变为机械化农业主要是为了提高农业工作的效率，而从目前的实际情况来看，机械化农业的优势并没有完全发挥出来，所以，想要从根本上改变这种现状，将机械化农业的优势显现出来，需要对机械化农业进行推广扩大，让人们对农业机械化有足够的了解，在机械化农业工作中能主动配合工作，促进农业机械化发展。

二、农业机械化技术在农业发展中的作用和推广

农业机械在农业的生产与建设中占据较高的地位，特别是现代化的农业建设，机械形式的生产方式十分必要。农业机械化技术的宣传与推广便于农业生产效果的提升，促使农业生产综合效益得以增加，最终服务于农民收成。最近几年，国家已经关注到农业机械设备在农业发展中作用的成效，采取一系列方式推广农业机械技术，然而取得的成效却和理想的效果产生一定偏差，农业机械化技术的推广力度仍需要进一步增强，以下为笔者给予的相关分析与建议。

（一）农业机械化技术在农业发展中的作用

针对社会经济的日益壮大视角下，农业生产质量的提升为经济体系扩展提供较多的动力，若生产效果不佳，便不能确保农产品的质量与价值，选取多样化的手段促使农业生产效果的提升，包括农业现代化监督、种植技术管理、提升农业机械化生产水平等，而机械化生产推广却是农业生产水平提升的最佳渠道，产生的作用体现在两点。

其一，有助于提高农业生产效率。针对现代社会的农业发展，强化农业技术以及机械化技术，促使农业生产效率的提升。以往的人工生产承担着巨大的工作量，生产效果不佳。但是机械化技术的生产与投入，可以规范性的进行麦子收割，获取更多的生产效益。

其二，有助于缓解农民劳动压力，针对以往的人工劳作，要投资人工劳动力进行生产，但是农业机械化技术的有效推广可以缓解农民劳动压力，加快农业生产的速度与发展脚步。

（二）农业机械化技术在农业发展中的推广策略

1.致力于农业机械化技术项目的推广

现在时代与信息化社会接触，农村建设正在以现代化的理念为基础前进。针对农业机械化技术的推广，每一个地区的政府和相关单位要认识到机械推广的重要性，以长远的目标推广机械化技术项目。与此同时，基于每一个区域内农业生产的实际需求，掌握农业机械技术推广存在的不足，促使农业机械化技术项目进行科学立项。最后，依据国家和政府对农业机械化技术的推广工作情况，巧妙地和农村地区技术推广进行结合，制定切实有效的机械推广计划，防止浪费农业推广资源。

2.开展农业机械技术推广培训活动

针对农业机械化技术的推广工作，政府需要组织推广工作者进行一系列的技术推广培训活动，在思想政治角度上强化推广工作者自身的工作意识。首先设置思想政治工作，宣传农业机械化技术作用，调动工作者的积极性；其次定期进行技术操作培训，组织工作者熟练地掌握机械操作技巧，不断提升农业机械化技术的使用水平；最后健全现有的农业机械化技术推广机制，保证推广工作具备一定的科学性与规范性。

3.制定农业机械化技术调研方案

农业机械化技术的产生重点是给人们提供便利，为农民造福。农业在实际的生产过程中会出现一些问题，而解决问题期间要全面参考农民给予的建议，以此为前提设置培训方案。因为农民自身思想存在一定的局限性，尤其是全新的事物，往往不能使用开放性的思想面对与接受，所以培训期间应该做好心理准备，落实农业机械化技术的推广工作。此外，现场示范实践操作，可以促使农民认知农业机械技术推广的作用，在此期间给予农民必要的农业知识，降低农业生产给农民带来的忧虑，针对性解决农业生产问题。此外，农民作为经济建设的核心理想，强化农民的指导，可以从根源上加强农业机械化技术的推广进度，要积极组织农民参与培训活动，将农业机械化技术的操作流程介绍给农民，提升农业增收以及增产的效果，提升农业机械化技术的推广有效性。

4. 农业机械化技术的推广和技术创新加以融合

以实效性地推广农业机械化技术为目标，应该将其和农业机械化技术创新进行融合，推动农业技术的宣传。政府等相关机构可以创建农业机械化技术推广基地，完成机械技术的示范任务，阐述农业机械化技术的具体内容，之后修改和整理农业机械机构中现有的工具，彰显农业机械工具的技术性，得到农民的肯定与认可。除此之外，政府机构要加大投资力度，农业机械化技术的使用需要资金的支撑，诸多农民缺少购买机械技术的资金，以至于一些认可农业机械化技术的农民也无法完成机械购买工作，在这种情况下，农业机械化技术的推广应该被政府大力支持，制定与机械技术使用相关的政策，提高农民购买机械设备的能力水平，进而促使农业机械化技术得到大范围的宣传。

农业机械化技术的推广针对农业生产与发展产生十分重要的作用，国家要高度重视农业机械化技术的推广，全面了解农业机械技术推广的作用，采取科学高效的手段推广机械化技术，不断完善现有的农业生产机制，促使新农村建设快速发展。

第四节 农业机械化与乡村振兴的深度融合

2018 年 9 月，中共中央国务院出台了《乡村振兴战略规划（2018—2022 年）》，对实施乡村振兴战略第一个五年工作做出了具体部署，是指导当前和今后一段时间全国各级各部门工作，有序推进乡村振兴的指导性文件。随后发出《国务院关于加快推进农业机械化和农机装备产业转型升级的指导意见》的国发 [2018]42 号文件。文件指出，"农业机械化和农机装备是转变农业发展方式、提高农村生产力的重要基础，是实施乡村振兴战略的重要支撑。没有农业机械化，就没有农业农村现代化。"由此可见，农业机械化不仅是实现乡村振兴和农业农村现代化的重要支撑，同时还要担负起支持乡村振兴的历史使命，实现农业机械化与乡村振兴和农业农村现代化的融合发展。

一、认清乡村振兴战略与农业机械化的内在联系

（一）推进农业机械化进程是实施乡村振兴战略的重要内容

随着农业生产、农业科技和农村经济的全面发展，农业机械在农业生产各领域（包括种植业、养殖业、加工业等）中发挥了主力军的作用，成为农业农村抵抗自然灾害、保证农产品供给提供了有力的装备支撑。农业机械化在对乡村振兴战略各方面都有着巨大的助推作用。因此，农业机械化不仅仅是作为农业现代化的重要标志，同时还是乡村振兴战略的重要推动力量。

（二）乡村振兴战略为农业机械化创造了更广泛的空间

为了农业生产健康发展，加快农村劳动力向二三产业转移，需要"稳生产、提效率、降成本、增效益"。因此，农业的生产方式也需要机械化生产方式转变，需要推进农业生产各领域实现"机器换人"，意味着农业

机械化的需求结构发生更大变化。比如，从大农业方面看，正在从种植业机械化快速向养殖业、林果业、加工业拓展；从种植业方面看，正在从粮食作物机械化向棉花、油料、果品、蔬菜、糖料等经济作物机械化扩展；从种植业各环节看，正在从耕种收环节向土壤保护、秸秆处理、植物保护、产品干燥等全过程延伸；从经营方面看，新型农业经营主体的出现，更加注重高效率的农机作业组织管理模式，更加注重延伸农业机械化的价值链，农业机械配备需要由产中向产前、产后延伸。

（三）乡村振兴战略对农机装备提出了更高要求

现代科技技术的进步和自动化、信息化、智能化技术的发展，尤其是计算机技术、传感与检测技术和全球定位技术等发展，"互联网＋农机"的出现，正在引发农业机械的革命性突破，必将极大地促进农机产品性能的提高，因此，农业机械势必要从机械化向自动化、信息化、智能化方向发展。我国农业农机部门，学习借鉴发达国家和地区（如美国、日本、欧盟等）的农业现代化先进经验，同时吸取了国外的先进技术（如美国的精准农业技术，日本的半喂入联合收割机技术，以色列的水肥一体化控制技术等），这些技术的应用带动了我国农业机械自动化技术的发展，形成了一系列适合我国农业特点的自动化、信息化和智能化控制技术。如播种机排种器排种量和机组行走速度智能化控制，可以保证设定的播种精度，既保证高产又不浪费种子和土地；谷物干燥机介质温度的自动化调节，当温度较高的时候会自动断开电源，保证干燥后稻谷品质是优良的；拖拉机的辅助自动驾驶操作系统，实现自动对行自动控制方向，同时还能够根据不同的作业条件、作业种类、土壤以及作物等进行有效地调整机器速度或作业幅宽，在减轻驾驶劳动强度的同时还能提高作业效率，降低燃油消耗。此外，温室管理的自动化和智能化远程控制技术，已经在我国比较普遍的推广应用等。

二、正视农业机械化与乡村振兴战略要求的不适应问题

（一）农业机械装备供求矛盾突出问题

当前农业机械装备供求矛盾主要在于供给侧的能力、质量和效率不

能适应需求变化。主要表现为：第一，三大主粮生产地区的农机化水平较高，其他作物如经济作物机械化以及畜牧业、林果业、农产品加工等方面机械化水平较低；第二，现大多数农机具还存在功能单一、技术传统等问题，而高品质、大功率、复式配套机具较少。

（二）农机科技创新能力不强

农机科技创新能力不强，究其原因，是因为我国农业机械专业发展起步较晚，专业技术人员流失严重，各高校培养的毕业生很少进入农机行业，导致在农业机械行业缺少专业的技术创新型人才，加之研发和试验手段落后，重设计制造，轻试验检测，质量标准体系不配套以及售后服务行为不规范等，严重影响我国农业机械的技术发展。

（三）农机农艺融合不够到位问题

农机农艺结合不够，在农业生产中，作物品种、种植规范、栽培制度、与机械装备适应性差，集成配套的机械化生产技术体系和作业技术规程很少。

三、加快农业机械化与实施乡村振兴战略的深度融合

（一）提升农机从业人员素质，解决好谁来种地问题

乡村振兴首先要稳定农业生产，从根本上解决"谁来种田"的问题。实现农业现代化首先要实现农业机械化，走农业机械化的道路，用工业化思维优化农业生产要素。要改变传统的"农民"概念，农民不是身份，而是职业，要让农民成为有吸引力的体面职业。目前，由于农机社会化服务体系的发展，广大农机操作手已经是农业生产的实际操作者，需要通过培训学习等形式提高他们的专业知识，成为懂技术、善经营的新型职业农民，破解农村"谁来种地"的难题。

（二）创新农业机械化发展机制，实现农机农艺的深度融合

提高农业机械化水平，不仅要增加机械装备总量，更要提高农机作业效率，增加农业生产经营效益。要解决好这一问题，就是要充分发挥农

业机械的效能，解决"怎样种好地"的问题。首先是对耕地进行宜机化改造，包括土地的平整、地块的整理、以及机耕道路建设和水利条件的配套建设。资料表明，对耕地的宜机化整治，不仅能有效地推进农业的适度规模经营，提高劳动生产率，还因为土地整治消除了田埂、厢沟及耕作死角，能增加耕地面积 3% ～ 5%，有的高达到 10%，同时还能利用闲置地，提高土地产出率。其次是耕地的规模化经营，在促进土地、资金劳动力等生产要素合理流动的同时，还能使农产品的产量、质量、科技含量得到提高，有利于调整和优化农业生产结构，使部分农民逐渐成长为具有一定经济实力和市场把握能力的"农商阶层"。目前土地流转已逐步成为常态，比如家庭农场、专业合作社、代耕服务（作业）公司等，都是基于土地规模化涌现出的农业生产经营新型主体。

（三）加快农业机械技术创新，在乡村振兴战略实施中大显身手

乡村振兴战略的实施，将根本改变农村生产和生活格局。新的农业生产格局必然对农业机械化提出更高更新的需求。随着科技的进步，农民必然走向专业化的道路，形成专业化的服务体系，比如工厂化育秧中心、农机耕作服务公司、植保技术服务中心、粮食烘干贮存中心、农资配送中心等等。这些专业化、网络化的体系，构成一个现代化的产业化的生产服务系统。其中，只有不断提高农机创新力，实施"互联网＋农机"行动，鼓励对农业生产设施和装备进行数字化改造，提高农业的精准化适时化水平，才能提高我国农业的市场竞争力和资源利用率。

第二章 耕整地机械

第一节　耕整地机械概述

耕整地机械是指在为农作物准备好种植场地而对土壤进行机耕地和整地的作业过程中所使用的机械，包括耕地机械和整地机械。耕整地的目的是疏松土壤，改善土壤结构，提高土壤肥力，为下一步农作物的播种、秧苗栽植创造良好的生长条件，以实现农业稳产增产。由于耕整地技术及装备在人类农耕史上和现代农业进程中占有极其重要的地位，因此，世界各国的耕整地机械在不断更新发展。

一、耕作机械的发展现状

（一）国外耕作机械的发展状况

近年来，一些发达国家不断将顶尖的高新技术应用到农业机械上来，不断推动农业机械向更高层次发展。目前，国外耕作机械的发展趋势主要有以下几个方面。

第一，向智能化、自动化方向发展先进制造工艺、新材料的出现以及电子技术、通信技术等的进步，液压、电子以及自动控制等技术在耕整地机械上得到了广泛应用。许多耕整地机械的操纵控制都可通过液压系统自动或半自动完成，如机具升降、安全器复位、耕深控制、双向犁换向等。圆盘耙可应用液压对其进行控制，圆盘耙组偏角的调整可由液压油缸来实现，同时也可根据农艺要求、土壤条件在作业时调节偏角，减轻劳动强度。采用微电脑技术可实现耕深的预调，自动控制、升降位置和速度的预选以及自动控制、倒车时自动提升的安全保障等，操作十分简便。

第二，向标准化、系列化方向发展发达国家基本上实现了耕整地机械的标准化、系列化生产，通用度高，能以标准化工作部件组装成多种型号的产品，降低了生产成本，满足了不同需要。例如，美国约翰迪尔公司生产的耕耘机，同类工作部件可组成 19 种型号，与 67.7~230kW 拖拉机配套使用。日本专业生产大中型耕作机械的松山株式会社和小桥工业株式会社，其产品多达 50 多个系列 200 多个品种，仅驱动耙产品就有 30 多个系列 100 多个品种。

第三，向宽幅大型化、高效联合化方向发展随着发达国家的大功率拖拉机的出现，与其配套的耕整地机械也随之向宽幅大型化、高效联合化方向发展，为联合作业机具的发展创造了条件。这既可减少作业次数，节约人工，减少能耗，争取农时等，还有利于保持土壤的水分和湿度，从而达到农作物稳产高产的目的。例如，旋耕机向宽幅、深耕、变速、多功能方向发展，与大功率拖拉机配套的旋耕机幅宽达 5m 以上，作业速度达 20km/h。日本松山和小桥公司制造出了可折叠的宽幅水田驱动耙，配套动力为 25.7~47.8kW，作业幅宽达 3.0~4.2m，行驶或入库时机体可对折，将幅宽缩至 1.8m；德国 U155/4 型耕 - 耙联合机具一次作业可完成犁耕及耕后表层碎土。

（二）我国耕整地机械的发展现状

耕整地机械一直以来为我国科研单位和生产企业研发生产的焦点。经过多年发展，农机生产企业能够生产满足需要的各类农机具，基本满足了我国耕整地机械化的需要，并实现部分出口。但是与国外相比，我国耕作机械的研究开发仍然存在着较大的差距。因此，必须正视这种现状，努力发展我国的耕作机械。

第一，大中小型并存，小型机具仍占主流我国国土以丘陵、山地为主。田块零散狭小、耕地细碎化、使用权分散、交通不便导致机械无法下地等是现有耕地存在的问题，这种现状决定了我国小型农业机械在相当长时间内仍占据主导地位。目前，耕整机、微耕机、18.4kW 以下四轮拖拉机配套的小型耕整机具以及手扶拖拉机配套的农机具，在山区、水田及北方广大农户的机械耕作中，起到重要作用。到 2010 年底，全国大中型拖拉机配套机具达到 612.86 万部，小型拖拉机配套农具 2992.55 万台。另外，农村劳动力以及机具价格因素也是小型耕整地机具占主流的重要原因。

第二，大中型联合耕整机发展较快随着农业生产规模的扩大、农民经济实力的增强和动力功率的提高，大中型联合耕整机因具有抢农时、降低能耗、减少机具多次下地造成的有害压实、提高机组作业效率等优点，最近一个时期在国内得到较快的发展。尤其是 2004 年以来，国家实施了农机购置补贴政策，使农民购买大中型农机具的愿望得以实现。到 2010 年底，全国拖拉机保有量达 2177.96 万台，大中型拖拉机 392.17 万台。大中型拖拉机的销量由 2004 年的 9.4 万台增长到 2010 年的 3L5 万台，销量保持快速增长。以旋耕机为主体的联合作业机已生产出 60 多种规格不同型号的产品，年产量为 1.5 万~2 万台。

第三，保护性耕作机具得到发展近些年，我国逐步出现了以少耕、免耕、保水耕作等为主的一系列保护性耕作方法。保护性耕作是相对于传统翻耕的一种新型耕作技术，对农田实行免耕、少耕、保水耕作和地表灭茬等，尽可能减少土壤耕作，并用作物秸秆、残茬覆盖地表，防止水土流失，提高土壤肥力和抗旱能力的一项先进农业耕作技术。尤其在北方干旱半干旱地区，保护性耕作成为农机技术推广部门首推的技术。在政府推动和市场需求的双重因素作用下，保护性耕作面积逐年增加，相关配套机具的需求进一步增加。

秸秆、根茬粉碎还田机成为近年来推广最快的产品。以锤爪和甩刀为主要部件的秸秆粉碎还田机在北方旱作区广泛应用，产品向宽幅和联合作业方向发展，可一次完成粉碎根茬、旋耕土层等表土联合作业。在未留茬地的免耕播种中，我国多采用锐角（尖角）式开沟器的小型免耕播种机；而在留茬地或秸秆粉碎覆盖地上，一般采用机械式或气吸式排种器及附加装置进行免耕播种。

（三）常规耕整地机械的类型

耕整地机械的种类较多，根据耕作的深度和用途可分为两大类：一是耕地机械，它是对整个耕作层进行耕作的机具；二是整地机械，即对耕作后的浅层表土再进行耕作的机具。耕整地机械既能进行单项作业，也能使用联合作业机具进行多项作业。

耕地机械耕地作业包括翻土、松土、掩埋杂草、施肥等，其目的就是在传统的农业耕作栽培制度中通过深耕和翻扣土壤，把作物残茬、病虫害以及遭到破坏的表土层深翻，使得到长时间恢复的低层土壤翻到地表，以利于消灭杂草和病虫害，改善作物的生长环境。

整地机械作业包括耕后播前对表层土壤进行的松碎、平整、开沟、作畦、起垄、镇压等作业。其目的是松碎土壤，平整地表，压实表土，混合化肥、除草剂，以及机械除草等，为播种、插秧及作物生长创造良好的土壤条件。

二、耕整地机械作业要求及其质量检查

由于各地的自然条件、作物种类和耕作、种植制度的不同，所以耕整地机械作业的要求也完全不一样。

（一）耕地作业的一般要求

（1）适时耕翻在土壤适宜耕作的农时期限内适时完成作业。

（2）严密翻盖耕后地面杂草、肥料及残茬应充分埋入土壤底层。

（3）良好翻垡无立垡，回垡，耕后土层蓬松。

（4）深耕一致地表、地沟应平整。要求不漏耕、不重耕，地头平整，垡沟少且小，无剩边剩角。

（二）耕地作业质量的检查方法

耕地质量检查的内容主要包括耕深是否合适，耕后地面是否平整，土垡翻转及肥料与残茬的覆盖是否严密，是否漏耕或重耕，地头是否整齐等。

（1）耕深检查主要检查犁耕过程和耕后。犁耕过程中的检查主要是检查沟壁是否直，可用直尺测量耕深是否达到规定的深度。耕后检查，应先在耕区沿对角线选取20个点，用直尺插到沟底来测量深度，实际耕深约为测量耕深的80%。

（2）耕幅检查只有在犁耕过程中进行检查实际耕幅。先自犁沟壁向未耕地量一定距离，做上标记，待耕犁后，再测新沟壁到记号处的距离。实际耕幅即为两距离之差。

（3）地表面平整性检查在地表平整性检查时，首先沿着耕地的方向检查沟、垄及翻垡等的情况。除开墒和收墒处的沟垄外，还要注意每个耕幅的接合处。如接合处高起，说明两程之间有重耕；接合处低洼，说明有漏耕。

（4）地表覆盖检查主要检查残茬、杂草、农家肥覆盖是否严实。要求

其覆盖有一定的深度，最好在 10cm 以下或翻至沟底。

（5）地头地边检查主要检查地边是否整齐，有无漏耕边角。

（三）整地作业的一般要求

（1）整地应及时，有利于防旱保墒。

（2）工作深度应适宜、一致。

（3）整地后耕层土壤应具有松软的表土层和适宜的紧密度。

（4）整地后地面应平整，无漏耙、漏压。

（四）整地作业的质量检查方法

（1）碎土及杂草清除情况的检查主要检查松土、碎土、剩下的大土块和未被除尽的杂草等的情况。可在作业地段的对角线上选择 3~5 个点，每点检查 1m²。

（2）耙深检查每班检查 2~3 次，每次检查 3~5 个点。一般耙深测定方法有两种：一是在测点处将土扒开，漏出沟底，用直尺测量，沟底至地面的距离即为耙深；二是将机组停在预测点，用直尺测量耙架平面至耙片底缘的距离和耙架平面至地表的距离，两点之差即为该点耙深。

（3）有无漏耙和地表的质量的检查可沿作业地段的对角线检查，耙后地表不得高埂、深沟，一般不平度不超过 10cm。

第二节 耕地机械（铧式犁）

就目前所使用的耕地机械，根据其作业时工作原理的不同，主要分为三大类：铧式犁、圆盘犁和凿形犁。

圆盘犁和凿形犁在欧洲一些国家应用较多，在我国虽有应用，但量较少，所以本节重点介绍铧式犁。

一、铧式犁的组成及类型

（一）铧式犁的基本组成

铧式犁的基本组成有主犁体、犁架、耕深调节装置、支撑行走装置、牵引悬挂装置等。不同类型的犁主要工作部件的结构大致相同。

（1）主犁体主犁体是铧式犁的主要工作部件。一般由犁铧、犁壁、犁侧板、犁柱、犁托和犁踵等组成，有些犁为了增强翻土效果，还装有犁壁延长板。犁体的功用是切土、破碎和翻转土壤，达到覆盖杂草、残茬和疏松土壤的目的。

犁铧：切开土垡并引导土垡上升至犁壁。

犁壁：破碎和翻扣土垡。

犁侧板：平衡侧向力。

犁柱：连接犁架与犁体曲面。

犁托：连接犁体曲面与犁柱。

犁踵：耐磨件，防止犁侧板尾部磨损，可更换。

（2）犁架犁的绝大多数部件都直接或间接地装在犁架上，因此犁架应有足够的强度来传递动力。犁架用于支撑犁体，并把牵引力传给犁体，以保证犁体正常耕作。犁架如有变形，犁体间的相对位置改变，将会影响耕地质量，如发生重耕、漏耕和耕后地面不平整现象，所以应尽量避免犁架变形。

（二）铧式犁的特点和类型

（1）铧式犁的特点。铧式犁最大的优点是能够把地表的作物残茬、肥料以及杂草和虫卵翻埋到耕层内，不但耕后地表干净，有利于提高播种质量，而且可以减少杂草和虫害的发生。铧式犁最大的缺点是耕地时始终向右侧翻土，所以翻耕后的地表留有墒沟和垄背，有时耕后地表土壤不够细碎，还需经过整地、平地等作业才能达到播种要求。双向犁机动性好，适应在窄地块作业。耕地时，既可向右翻土，又可向左翻土，因此翻耕后的地面不会留墒沟和垄背。

（2）铧式犁的分类。铧式犁按照与拖拉机连接方式的不同，可分为悬挂犁、牵引犁、半悬挂犁和直联式犁。其中，悬挂犁的使用最为广泛。

悬挂犁的结构简单，质量小，机动性好，可在小地块作业，但入土性能差，多与中小功率的拖拉机配套，与拖拉机三点挂接。运输状态下，机具所受重力全部由拖拉机来承担。

牵引犁的结构复杂，质量大，机动性差，但工作深度稳定，入土性能好，多与大型拖拉机配套，与拖拉机单点挂接。运输状态下，机具所受重力全部由机具本身来承担。

半悬挂犁兼有牵引犁和悬挂犁两者的特点。

直联式犁主要与手扶拖拉机（微耕机）配套。运输状态下，机具前部分所受重力由拖拉机承担，后半部分所受重力由机具承担。

（三）铧式犁的田间作业

铧式犁耕地作业的顺序依次为耕地头线、开墒、耕地、收墒、耕地头等。

（1）耕地头线为了使地头整齐，犁铲容易入土，开始耕地前应在地的两头耕出地头线，作为起落犁的标志。地头宽度因选用机组大小的不同而不同。一般来说，大中型悬挂机组为6~8m，大中型牵引机组为12~14m。耕地作业时要求机组正确转弯，犁及时起落，尽量避免漏耕、重耕和出现喇叭口。在耕干硬地时，地头线可耕得更宽一些，使整台犁落在松土上，以利犁铲入土。

（2）开墒铧式犁耕地时，若从地块中间开始顺时针转圈耕，则地块中间出现垄背，地块两边出现墒沟；若从地块左边开始逆时针转圈耕，则地块两边出现垄背，地块中间出现墒沟，造成耕后地面不平，垄背下有漏耕。开墒就是开始耕地时，选择开始耕地的位置和耕地方法，减少墒沟、垄背造成的地面不平和垄背下的漏耕。常用的开墒方法主要有双开墒和重一犁开墒两种，可根据农业技术要求、耕地方法和地块平整情况等确定。

开墒时，机组一定要走直，开墒后留出的未耕地两边的宽度应相等。这样，耕到最后时，不会出现楔子状的未耕地块。

（3）耕地常用的耕地方法有内翻法、外翻法、内外翻交替耕法、四区内翻套耕法等。

（4）收墒耕地时，耕到最后出现墒沟的这一犁称为收墒。收墒的目的就是使墒沟越浅越好，以减少对播种和浇水的影响。

（5）耕地头耕地时，地块两端留出一定长度用于机组的转弯地段称为地头，待地块长边耕完后，最后再耕地头。

二、铧式犁的故障分析与排除方法

铧式犁的常见故障及排除方法见表 2-1。

表 2-1 铧式犁常见故障及排除方法

故障现象	故障原因	排除方法
入土困难	铧刃磨损或犁尖部分上翘变形	更换犁铧或修复
	土质干硬	加大入土角或力矩，或在犁架尾部加配重
	犁架前后高低、横拉杆偏低或拖把偏高	调短上拉杆长度，提高牵引犁横拉杆或降低拖拉机的拖把位置
	犁铧垂直间隙太小	更换犁侧板，检查犁壁
	悬挂机组上拉杆过长	调短上拉杆长度，使犁架在规定耕深时保持水平
	拖拉机下拉杆限位链拉得过紧	适当放松限位链
	悬挂点位置选择不当，入土力矩过小	犁的下悬挂点挂上孔，上悬挂点挂下孔，增大入土力矩
耕后地不平	犁架不平或犁架、犁铧变形	调节犁架或修理校正
	犁壁黏土，土垡翻转不好	清理犁壁上的土，并保持犁壁光洁
	犁体安装位置不当或振动	调整犁体在犁架上的位置

故障现象	故障原因	排除方法
立垡甚至回垡	耕深过大	调浅
	速度过低	提高耕作速度
	各犁体间间距过小，耕宽、耕深比例不当	调整犁体间距，必要时可减少犁体
	犁壁不光滑	清理犁壁上的土
耕宽不稳定	耕宽调节器U形卡松动	紧固，若U形卡变形则更换
	胫刃磨损或犁侧板对犁沟壁压力不足	增加犁刀或更换犁壁、犁侧板
	水平间隙过小	检查间隙，调整或更换犁侧板
漏耕或重耕	偏牵引，犁架歪斜	调整
	犁架或犁柱变形	修理或更换
	犁体间距不当	调整
犁耕阻力大	犁铧磨钝	磨锐或更换犁铧
	犁架、犁柱变形，犁体在歪斜状态下工作	修理或更换
拖拉机驱动轮严重打滑	拖拉机驱动轮轮胎磨损严重	驱动轮上加防滑装置或更换轮胎

三、铧式犁的维护与保养

正确进行技术维修是充分发挥犁的工作效能、保证耕地质量、延长使用寿命、提高作业效率的重要措施之一。铧式犁构造简单，保养主要有以下5个方面：

（1）定期清除黏附在犁体工作面、犁刀及限深轮上的积泥和缠草。

（2）在每班工作结束后，应对犁体、圆犁刀及限深轮等零部件的固定状态进行检查，拧紧所有松动的螺母。

（3）对圆犁刀、限深轮及调节丝杆等需要润滑处，每天要涂润滑脂1~2次。

（4）定期对犁铲、犁壁、犁侧板及圆犁刀等的磨损情况进行检查，必要时进行修理更换。

（5）在每个阶段的工作完毕后，应对技术状态进行全面的检查，如果发现问题，须及时更换、修复磨损或变形的零部件。

第三节　整地机械

整地机械的种类很多，按动力来源可分为两大类：一是牵引型整地机械，主要有圆盘耙、齿耙、水田耙、滚耙、镇压器、轻型松土机和松土除草机等；二是驱动型整地机械，主要有旋耕机、驱动船、机耕船、灭茬机、秸秆还田机和盖籽机，其耕作深度约等于播种深度。目前，在我国应用较为广泛的整地机械是圆盘耙和旋耕机。

一、圆盘耙

圆盘耙始于 20 世纪 40 年代，是替代钉齿耙的主要机具之一，目前国内外广泛采用，有以下主要特点：被动旋转，断草能力较强，具有一定切土、碎土和翻土功能，功率消耗少，作业效率高，既可在已耕地作业又可在未耕地作业，工作适应性较强。

（一）圆盘耙的类型及结构

圆盘耙的类型按与动力的连接方式可分为牵引式、悬挂式和半悬挂式。按耙片的直径可分为重型耙（660mm）、中型耙（560mm）和轻型耙（460mm）。按耙片的外缘形状可分为全缘耙、缺口耙。全缘耙片易于加工制造；缺口耙片入土能力强，易于切断杂草、作物残茬等，但成本高。按耙组的配置方式可分为单列耙、双列耙、组合耙、偏置耙、对置耙。

圆盘耙的基本构造大致相同，主要由耙组、耙架、牵引架（或悬挂架）、偏角调节机构等组成。牵引式耙上还有起落调平机构及行走轮等。

（1）耙组耙组是圆盘耙的工作部件，耙组由装在轴上的若干个耙片组成。耙片通过间管而保持一定间隔。耙片组通过轴承和轴承支板与耙组横梁相连接。一般来说，为了清除耙片上黏附的泥土，会在横梁上装有刮土铲。

（2）耙架用来安装圆盘耙组、调节机构和牵引架（或悬挂架）等部件，有铰接耙架和刚性耙架两种。有的耙架上还装有载重箱，可在必要时添加配重，以便增加或保持耙深。

（3）牵引或挂接装置对于悬挂式圆盘耙，其悬挂架上有不同高度的孔位，以改变挂接高度。对于牵引式圆盘耙，其工作位置和运输位置的转换是通过起落机构实现的。起落过程由液压油缸升降地轮来完成，耙架调平机构与起落机构连动，在起落过程同时改变挂接点的位置，保持耙架的水平。在工作状态，可以转动手柄，改变挂接点的位置，使前后列耙组的耕深一致。

（4）角度调节器用于调节圆盘耙的偏角，以适应不同耙深的需要。角度调节器的形式有丝杠式、齿板式、液压式、插销式等。

丝杠式用于部分重耙上，结构复杂，但工作可靠。

齿板式在轻耙上使用，调节比较方便，但杆体容易变形，影响角度调节。

插销式结构简单，工作可靠。调整时，将耙升起，拔出锁定销，推动耕组横梁使其绕转轴旋转，到合适位置时，把锁定销插入定位孔定位。一般在中耙与轻耙上采用。

液压式用于系列重耙上，虽然结构复杂，但工作可靠，操作容易。

（二）圆盘耙的选购

（1）要明确使用目的，应满足农业生产技术的要求如干旱少雨地区，适用于少耕或免耕作业，这样圆盘耙就会起到"以耙代耕"的效果；在果园、林场，则应首选偏置耙；如果是黏重土壤的地区，则可选择重耙或缺口重耙。

（2）要考虑生产规模和动力配置由于圆盘耙型号较多，除了考虑上述的农业技术要求外，还应充分考虑自身的生产规模（包括周边的服务工作量），以决定购置具体型号与台数，还要考虑与拖拉机的匹配性。

（3）注意事项在选购时，需要注意的有：一是在购置圆盘耙时，应检查整个机器制造、安装质量和油漆等外观状态，观察耙片有无裂纹、变形；耙架不得变形、开焊，耙架横梁、轴承均无变形、缺损，刮土板刀刃应完好，和凹面的间隙为 5~8mm；各紧固件状态均应良好。在购置驱动圆盘耙时，齿轮传动箱应无漏油，试运转中不过热，无剧烈噪声。此外，还必须配足有关备件。二是要选择零部件供应完善、售后服务较好的企业，产品要有"农业机械推广许可证"标志。此外，要核对铭牌上主要技术性能指标是否符合所拟定的要求，随机的备件、工具、文件（说明书等）也应齐全、完整、良好，并要有正式发票，以便备查。

（三）圆盘耙的工作过程

圆盘耙工作时，耙片回转平面（刃口平面）垂直于地面，并与机器的前进方向成偏角 a，在牵引力作用下滚动前进，在重力和土壤阻力的作用下切入土壤，并达到一定的耙深，耙片运动可以看作滚动和移动的复合运动。

（四）圆盘耙的调整和保养

（1）耙深调节可用角度调节装置调节耙深。其方法为：停车后将齿板前移到某一缺口位置固定，再向前开动拖拉机，牵引器与滑板均向前移动，直到滑板末端上弯部分碰到齿板，前后耙组相对于机架作相应的摆转，此时偏角加大，耙深增加；若调浅耙深，则提升齿板，倒退拖拉机，后移滑板，固定齿轮于相应缺口中，偏角则变小，耙深变浅。若上述调整耙深的方法仍未达到预定深度，则可采用加配重的方法。

（2）水平调整对于前后两列的圆盘耙，利用卡板和销子与主梁连接来防止前列两个耙组凸面上翘，使耙深变浅；后列的两个耙组凹面端利用两根吊杆挂在耙架上，提高吊杆可调整凹面端入土深度。牵引钩下移，前列耙组耙深减小；反之前列耙组耙深增加。

（3）圆盘耙的保养每班作业后，应清除耙上的缠草；由于耙的紧固件易松动，所以每班必须检查连接部分紧固情况，并予以拧紧；方轴螺母最易松动，须留意检查，以免引起圆盘掉落或拉坏；若长时间不用，应将耙放置干燥的棚内，用木板垫起耙组，并在耙片表面上涂上防锈油，卸下载重箱。

（五）圆盘耙的故障分析及维护

1. 圆盘耙的故障分析与排除方法（表 2-2）

表 2-2 圆盘耙常见故障及排除方法

故障现象	故障原因	排除方法
耙地深度不够或耙片不人土	偏角太小	增大偏角
	附加质量不足	增大附加质量
	耙片磨损	重新磨刃或更换耙片
	速度太快	减速作业
耙片堵塞	土壤过于黏重或太湿	选择土壤湿度适宜时作业
	杂草残茬太多，刮土板不起作用	调整刮土板位置和间隙
	偏角过大	减小偏角
	速度太慢	增大作业速度
耙后地表不平	前后耙组偏角不一致	调整偏角
	附加质量差别较大	调整附加质量使其一致
	耙架纵向不平	调整牵引点高低位置
	个别耙组堵塞或不转动	清除堵塞物，使其转动
	牵引式偏置耙作业时耙组偏转，使前后耙组偏角不一致	调整纵向拉杆在横拉杆上的位置，使前后耙组偏角大小一致
阻力过大	土壤过于黏湿	选择土壤水分适宜时作业
	偏角过大	调小耙组偏角
	附加质量过大	减小附加质量
	刃口磨损严重	重新磨刃或更换耙片
耙片脱落	圆盘耙的紧固件易松动	留意检查，以免引起圆盘掉落或拉坏。每班作业后，一定要检查连接部分紧固情况，并予以拧紧或换修，以避免耙片脱落

2.圆盘耙的维修

（1）用车床切削磨钝的耙片，将耙片用专用夹具卡在车床卡盘上，用顶尖支撑专用夹具的另一端；使用硬质合金刀片；修复的靶片刃口角呈37°，刃口厚度应有 0.3~0.5mm。也可将耙片装于磨刃夹具上，均匀地转动耙片，以免在砂轮上磨刃时使耙片退火。

（2）方孔裂纹可用电弧焊进行修复，若裂纹严重，维修时可在方孔上加焊一个内方孔的圆铁盘。

二、旋耕机

（一）旋耕机的类型和结构

1. 分类

旋耕机按旋耕刀轴的位置可分为横轴式（卧式）、立轴式（立式）和斜轴式；按与拖拉机的连接方式可分为牵引式、悬挂式和直接连接式；按刀轴传动方式可分为中间传动式和侧边传动式，侧边传动式又分侧边齿轮传动和侧边链传动两种形式。

2. 基本结构

旋耕机主要是由机架、传动系统、旋转刀轴、刀片、耕深调节装置、罩壳等组成。

（1）刀轴和刀片。刀轴和刀片是旋耕机的主要工作部件。刀轴上焊有刀座，刀座在刀轴上按螺旋线排列并焊在刀轴上，供安装刀片。

刀片（即旋耕刀）工作时，随刀轴一起旋转，起切土、碎土和翻土作用。在系列旋耕机上，刀片的形式都采用弯形刀片，有左弯和右弯两种。弯形刀刃口较长，并制成曲线形，工作时，曲线刀刃切土，因此工作平缓不易缠草，有较好的碎土和翻土能力。

旋耕机刀片配置，为使作业过程避免漏耕和堵塞，刀轴受力均匀，刀片在刀轴上的配置应满足下述要求：

①在同一回转平面内，若配置两把以上的刀片，应保证进切量相等，以达碎土质量好，耕后沟底平整。

②在刀轴回转一周过程中，刀轴每回转过一个相等的角度，在同一相位角，必须是一把刀入土，以保证工作稳定性和刀轴负荷均匀。

③相继入土的刀片在刀轴上的轴向距离越大越好，以免发生堵塞。

④左弯和右弯刀片应交错入土，使刀轴两端轴承所受侧压力平衡。

（2）传动部分。由拖拉机动力输出轴来的动力经过万向节传给中间齿轮箱，再经侧边传动箱驱动刀轴回转。也有直接由中间齿轮箱驱动刀轴回转的。由于动力由刀轴中间传动，机器受力平衡，稳定性好。但在中间齿轮箱体下部不能装刀片，因此会有漏耕现象，可采用在箱体前加装小犁铧的办法来消除漏耕现象。

（3）耕深控制装置。

滑橇式：安装在机架底部，调节它与刀轴的相对距离，以改变耕深。滑橇还起限深作用，一般用于水田作业。

限深轮式：安装在旋耕机后部，由升降丝杠、套管、轮叉等组成，用于旱地作业。

液压悬挂式：一般用位调节方式限定耕深，所以没有限深装置。

（4）辅助部件。旋耕机辅助部件由机架、悬挂架、挡泥罩和平地板等组成。挡泥罩和平地板用来防止泥土飞溅和进一步碎土，并可保护机务人员安全，改善劳动条件。

3. 工作特点

旋耕机是一种由动力驱动工作部件以切碎土壤的耕作机具。旋耕机能一次完成耕耙作业，兼有耕翻和碎土功能，即一次作业能达到土碎、地平的效果。犁耕很难一次达到土壤松碎、地表平整而满足播种或插秧的要求，必须再经过整地才能进行种植作业。因此，旋耕机的工作特点是碎土能力强，耕后表土细碎，地面平整，土肥掺和均匀，可大大缩短耕整地的时间，有利于抢农时和提高功效。广泛应用于果园菜地、稻田水耕及旱地播前整地。其缺点是功率消耗较大，耕层较浅，翻盖质量差。

4. 工作过程

旋耕机工作过程主要为刀片一方面由拖拉机动力输出轴驱动做回转运动，另一方面随机组前进做直线运动。刀片在转动过程中，首先将土垡切下，随即向后方抛出，土垡撞击到挡泥罩板和平土拖板而细碎，然后再落回地面，因而碎土较好，一次完成了耕、耙作业。

5. 调整和保养

（1）链条的调整。链条紧会加重磨损，松边过松则会发生爬链现象。因而，在进行链条调节时，注意顶向张紧滑轨的力应在50~100N内，以能压动松边链条为宜，若用力压不动，则表示链条太紧。

（2）轴承间隙的调整。其调整有两种方法：一是增减垫片，凡内圈位置固定，外圈可调的轴承，可用增减轴承盖处垫片的方法来调整轴向间隙；二是调节螺母，凡是外圈固定，内圈可调的轴承，可采用此法来调整轴向间隙。

（3）旋耕机的保养。

①一般保养：一般在每班作业后应进行班保养。内容包括清除刀片上的泥土和杂草，检查插销、开口销等易损件有无缺陷，必要时更换；向各润滑油点加注润滑油，并向万向节处加注黄油，以防加重磨损。

②季度保养：每个作业季度完成后，应进行季度保养。内容包括彻底清除机具上的泥垢、油污；彻底更换润滑油、润滑脂；检查刀片是否过度磨损，必要时进行换新；检查机罩、拖板等有无变形，若有应恢复原形或换新；全面检查机具外观，补刷油漆，弯刀、花键轴上应涂油防锈；长期不使用时，轮式拖拉机配套旋耕机应置于水平地面上，不得悬挂在拖拉机上。

（二）旋耕机的故障分析及维护

1.旋耕机的故障分析与排除方法（表2-3）

表2-3　旋耕机常见故障及排除方法

故障现象	故障原因	排除方法
旋耕机负荷过大	旋耕深度过大	减少耕深
	土壤黏重，过硬	降低机组前进速度和刀轴转速，轴两侧刀片向外安装，将其对调变成向内安装，以减少耕幅
旋耕机后间断抛出大土块	刀片弯曲变形	校正或更换
	刀片断裂	重新更换刀片
旋耕机在工作时有跳动	土壤坚硬	降低机组前进及刀轴转速
	刀片安装不正确	重新检查，按规定安装
	万向节安装不正确	重新安装
旋耕后地面起伏不平	旋耕机未调平	重新调平
	平土拖板位置安装不正确	重新安装调平
	机组前进速度与刀轴转速配合不当	改变机组前进速度或刀轴转速
齿轮箱内有杂音	安装时不慎有异物掉落	取出异物
	圆锥齿轮箱侧间隙过大	重新调整
	轴承损坏	更换新轴承
	齿轮箱牙齿折断	修复或更换
施耕机工作时有金属敲击声	刀片固定螺钉松脱	重新拧紧
	刀轴两端刀片变形	校正或更换刀片
	刀轴传动链过松	调节链条紧度
	万向节倾角过大	调节旋耕机提升高度，改变万向节倾角

（续表）

故障现象	故障原因	排除方法
旋耕机工作时刀轴转不动	传动箱齿轮损坏咬死	更换齿轮
	轴承损坏咬死	更换轴承
	圆锥齿轮无齿侧间隙	重新调整
	刀轴侧板变形	校正侧板
	刀轴弯曲变形	校正刀轴
	刀轴缠草堵泥严重	清除缠草积泥
刀片弯曲或折断	与坚石或硬地相碰	更换犁刀，清除石块，缓慢降落旋耕机
	转弯时旋耕机仍在工作	按操作要领，转弯时必须提起旋耕机
	犁刀质量不好	更新犁刀
齿轮箱漏油	油封损坏	更换油封
	纸垫损坏	更换纸垫
	齿轮箱有裂缝	修复箱体

2.旋耕机的维修旋耕机主要工作部件的检修

（1）弯刀。刃口磨钝的弯刀应重新磨锐，变形弯刀需加垫校正，然后淬火（刀柄部分不淬火），淬火弯刀硬度应为HRC50-55，如损坏，应换新件。

（2）刀座。刀座损坏多为脱焊、开裂或六角孔变形，对局部损坏的刀座可用焊条焊补，损坏严重的应进行更换。但在焊接刀座时要注意刀轴变形。

（3）刀轴管。断裂刀轴管可在断裂处的管内放一段焊接性较好的圆钢，焊后应进行人工时效及整形校直，然后检查两端轴承挡。如超差太大，需更换没有花键一端的轴头，应以原花键端外径为基准加工新轴头，以保证刀轴转动平衡灵活。

第四节　保护性耕作机械

我国北方旱地过去常采用的耕作方法主要是传统的即常规的耕作方法，也称精细耕作法。通常是指作物生产过程中由机械耕翻、耙压和中耕等组成的土壤耕作体系。在一季作物生长期间，机具进地从事耕翻、耙碎、镇压、播种等作业的次数多达7~10次。随着现代化农业科学技术的发展，常规的耕作方法已不适应农作物的种植和生长对耕地作业的要求。如传统的铧式犁翻耕模式使得农田裸露、水土流失和风蚀沙化，不仅导致土壤肥力下降，而且蚕食可利用土地。这些问题正成为制约农业可持续健康发展的瓶颈之一。因此，发展保护性耕作农业已成为当务之急。

一、保护性耕作

"保护性耕作就是用少耕、免耕将作物残茬尽量保持在地表以保持水分和减少土壤流失的耕作方法。"我国学者在多年的科学研究基础上，把保护性耕作定义为："用秸秆残茬覆盖地表，将耕作减少到只要能保证种子发芽即可，并用农药控制杂草和病虫害的一项先进的新型农业耕作技术。"它的前身叫"免耕法"，逐步拓展到包含地表残茬覆盖、地表处理、土壤深松、种肥隔层分施、杂草和病虫害控制等。

（一）保护性耕作技术内容

保护性耕作技术主要包括四项技术内容：一是改革铧式犁翻耕土壤的耕作方式，必要时深松或表土耕作来改善土壤结构；二是用作物秸秆和残茬覆盖地表，减少土壤风蚀、水蚀和水分无效蒸发，提高天然降雨利用率，增加土壤肥力和抗旱能力；三是尽量在不翻耕土壤的前提下进行免耕播种和施肥，简化工序，减少机械进地次数，降低成本；四是翻耕控制杂草改为喷洒除草剂或机械表土作业控制杂草及病虫害。

（二）保护性耕作技术的优势

保护性耕作彻底取消了铧式犁翻耕作业，采用秸秆覆盖地表，从而减少地表径流，减轻土壤风蚀和水蚀，改善环境，增加水分入渗；地表秸秆腐烂后形成大量的有机肥料，明显提高土壤有机质含量，改善土壤结构；由于减少作业工序，节约生产成本，增加收入，经济收益得到改善；提高水、土、光等资源的利用率；作物根系发达，干物质增多，提高产量；采用免耕秸秆覆盖和根茬固土，土壤不再翻耕裸露，减少了尘土的扬起，保护了生态和人居环境。

免耕、少耕、秸秆覆盖是各种保护性耕作技术共有的基本要素。它通过对一些容易导致土地沙漠化的传统农业技术进行革新，能大面积提高土地生产能力、改善生产和生态环境、协调社会经济持续发展与生态环境保护关系，能以综合的农业技术措施来有效防止土地沙漠化，保护水土资源，并且无地膜等污染，有利于保持农业的可持续发展。

二、秸秆粉碎还田机械

农作物秸秆是农业生产的副产品，随着北方农业的不断发展，作物秸秆（主要为小麦、玉米秸秆）的产量也越来越高。只有提高秸秆的综合利用率，才能减少资源的浪费和环境污染，提高农业生产水平，实现农业可持续发展。

近几年来，机械化秸秆还田已成为政府大力推广的一项保护性耕作技术。还田的秸秆在土壤水分、温度等相关条件的作用下，被微生物分解、腐熟后，转化为能被植物吸收的有机物以及氮、磷、钾等营养元素。这些物质可以有效地改善土壤的团粒结构，提高土壤对水分、温度和空气的调控能力。培肥地力，为下茬作物持续增产打下良好的基础，这项技术也是保护性耕作技术和绿色农业的重要内容之一。

（一）机械化秸秆粉碎还田的作用

（1）增加土壤有机质含量，养分结构趋于合理这样可以提高肥料利用率，减少化肥用量。作物秸秆中含有的氮、磷、镁、硫、钾、钙等元素，是农作物生长所必需的营养元素。

（2）改善土壤结构，使土壤耕性变好秸秆还田后释放出的养分，能使一些有机化合物缩合脱水形成更复杂的腐殖质，与土粒结合后形成团粒结构，改善了土壤自身调节水、肥、气、温的能力。

（3）减少农作物病虫害在作物根茬粉碎过程中，对表土进行了疏松和搅动，改变了土壤的物理性质，使害虫的生存环境遭到破坏，减轻了病虫害的发生程度。

（4）争抢农时，改善土壤环境机械化秸秆还田能够减少工序，节省劳力，减轻劳动强度，提高生产效率，争抢农时。机械化秸秆还田是充分利用玉米秸秆的有效方式，同时防止了焚烧秸秆而造成的空气污染。农作物秸秆覆盖地表，隔离了阳光对土壤的直射，调剂土地与地表温热的交换，在干旱时期减少了土壤中地面水分的蒸发量，保持了耕层蓄水量。农田覆盖秸秆有很好的抑制杂草生长的作用，在雨季减缓了大雨对土壤的侵蚀，减少了地面径流，增加了耕层蓄水量。秸秆中含有大量的能源物质，秸秆还田后生物激增，可加强土壤微生物的活动，增加土壤生物固氮作用，降低土壤碱性，促进土壤的酸碱平衡，改善土壤环境。

（二）秸秆粉碎还田机的类型和结构

秸秆粉碎还田机械主要分为两大类：一是与玉米联合收割机配套的秸秆粉碎装置；二是与拖拉机配套的秸秆粉碎还田机。秸秆粉碎还田机粉碎秸秆过程基本相同，虽然结构稍有所不同，但主要部件基本相同。

1. 与玉米联合收割机配套的秸秆还田机

以与玉米联合收获机配套的秸秆还田机为例，秸秆还田装置与后悬挂架相连，悬挂在拖拉机后部，集穗箱下面。这种还田装置是水平旋转刀轴式切碎机构，其刀片形状主要有锤爪式和甩刀式两种，该机的刀片为锤爪式。

其传动过程：在工作时，还田机转速约为 1800r/min，由拖拉机动力输出轴传出动力，再由万向节传给切碎机的变速箱，经变速箱增速和换向后，再通过皮带和皮带轮传给切碎机的刀轴，使刀轴高速旋转，转动的锤刀与固定刀将秸秆切碎。留茬高度操纵手柄可通过吊环、调节杆、钢丝绳、限位轮与拖拉机的液压提升臂相连，操作提升手柄即可控制切碎机的高低位置，从而调节留茬高度。

2. 与拖拉机配套的秸秆还田机

与拖拉机配套的秸秆还田机按刀轴位置的不同可分为卧式秸秆还田机和立式秸秆还田机。

（1）卧式秸秆还田机。卧式秸秆还田机的刀轴呈横向水平配置，甩刀安装在刀轴上，该机刀片为甩刀式，在纵向垂直面内旋转。

其传动过程：甩刀式还田机转速一般为1200r/min，拖拉机动力由万向节传人齿轮箱，经齿轮箱增速和换向后，再通过皮带传动装置传给刀轴。刀轴上安装的多把粉碎切刀随刀轴高速旋转，与固定刀配合切碎秸秆。

（2）立式秸秆还田机。主要用于粉碎小麦秸秆，由悬挂架、直刀型切刀、圆锥齿轮箱、直刀切碎支撑、罩壳、限深轮和前护罩总成组成。

其传动过程：拖拉机动力通过万向节传动轴输入锥齿轮箱的输入横轴，通过齿轮增速和换向，使垂直轴旋转，并带动安装在垂直轴上的直刀型切刀刀盘旋转，使秸秆在有支撑的情况下被切割。在前方喂入口设置了喂入导向装置，使两侧的秸秆可以向中间聚集，从而增加甩刀对秸秆的切割次数，提高粉碎效果。罩壳的前面还装有带防护链或防护板的防护罩，这使秸秆只能从前方进入，粉碎后不能从前方抛出。在罩壳后方的排出口装有排出导向板，使粉碎的秸秆均匀地抛撒田间。限深轮安装在机具的两侧或后部，通过调节限深轮的高度，确定留茬高度，以保证甩刀不入土和确保粉碎质量。

（三）秸秆粉碎还田机的使用要点

（1）玉米的摘穗在不影响产量的情况下，玉米摘穗应趁秸秆青绿时尽早摘穗，并连苞叶一起摘下。

（2）秸秆粉碎在摘穗或收获后，应趁秸秆青绿马上进行秸秆粉碎。此时玉米秸秆呈绿色，含水率达30%以上，糖分多、水分大，易被粉碎，有利于加快秸秆腐烂分解，对增加土壤养分大为有益。在秸秆粉碎过程中，要注意选择拖拉机作业挡位和调整留茬高度，秸秆粉碎长度以不超过10cm为宜。工作部件的地隙最好控制在5cm以上，严防刀片入土和漏切。

（3）施肥与翻埋在秸秆粉碎腐烂分解过程中，要吸收土壤中的有机质氮、磷和水分，若底肥不足，就会严重影响农作物产量。因此，应增施适量的氮肥、磷肥，以便加快秸秆腐烂分解，为下一阶段的播种创造条件。

（4）旋耕或耙地灭茬将玉米秸秆粉碎还田并补加施化肥后，在不使用高柱犁的地区，为保证耕翻质量，耕前要立即进行旋耕或耙地灭茬，使被切开的根茬和再次被切碎的秸秆均匀分布在 0~10cm 的土层中。

（5）深耕应使用大中型拖拉机配套的深耕犁、耢、环形镇压器一次完成秸秆耕翻、深埋、镇压、耢平等作业。也可用小型拖拉机配单铧犁深耕覆盖，耕深不小于 23cm。

（四）秸秆粉碎还田机的安装调整

（1）万向节的安装万向节与主机的连接，应确保还田机与提升方轴时，套管及节叉既不顶死，又有足够的长度，保证传动轴中间两节叉的叉面在同一平面内。若方向装错，不但会产生响声，还会使还田机震动加大，易引起机件损坏。

（2）还田机水平和留茬高度的调整在连接还田机与拖拉机后，应调节拖拉机悬挂机构的左右斜拉杆，使还田机保持水平状态；调节拖拉机上拉杆使其纵向接近水平。根据土壤疏松程度、作物种植模式和地块平整状况，调节地轮连接板前端与左右侧板的相对位置，以得到合适的留茬高度。

（3）各零件和润滑部件的检查作业前首先检查各零件是否完全，紧固件有无松动，胶带张紧度是否合适，并按要求向齿轮箱加注齿轮油，向需润滑部件加注润滑脂。

（4）空运转试车检查完毕后，将还田机刀具提升至离地面 20~25cm。提升位置过高易损坏万向节。接合动力输出轴空转 30min，确认各部件运转良好后方可投入作业。

（五）秸秆粉碎还田机的操作使用

（1）作业前首先需仔细检查各部件的运转是否正常，在检查结束后，进行空载试运转，确认各部件能良好运转后，再进行正式作业。

（2）作业时要使拖拉机的悬挂杆件保持水平，并将限深轮逐步降至所需要的留茬高度。挂接动力输出轴时，要空负荷低速启动。对不同长势作物采取不同的作业速度。原则上要保证拖拉机既不超负荷，又能充分发挥效率。机具运转时，严禁机后站人或靠近旋转部位，以免发生人员伤亡。若发现刀片打土，应及时调整地轮离地高度。机具禁止倒退，转弯时应将还田机提起，起落要平稳。作业过程中要注意田间障碍物，应及时清除机具缠草。听到异常响声或看到异常现象时，应立即停车检查，及时排除故障。

（3）作业结束后对机械进行保养和维修。及时清理并检修整机，清除泥土层。

（六）秸秆粉碎还田机的保养与保管

（1）班保养一般在每班作业后应进行班保养。内容包括检查各转动部位的润滑状况及皮带的张紧度，及时注油和调整皮带张紧度；检查各部件是否松动或损坏；及时清除机壳内黏结的泥土，以免加重负荷和刀片早期磨损。保养时应特别注意万向节十字头的润滑，必须注入足够多的黄油，做好各部件的防锈处理。

（2）季保养每个作业季度完成后，应进行季度保养。内容包括清除机具各部的泥土、油污、秸草；检查各运转部件和紧固件，对磨损严重、短缺者应予以更换或修补；更换刀片时，要注意保持刀轴平衡，要对称、成组更换，用同一型号刀片；刀片质量差不得大于 10g；清洗齿轮箱，各运动部件要加注润滑油，并做防诱处理。

（3）保管作业结束后，应将机具垫起，停在干燥处，松开皮带，使刀片离开地面，不得以地轮作支撑点。

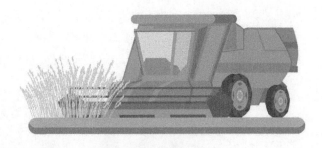

第三章　播种机械

第一节　播种机械概述

播种是农作物栽培的重要环节之一，必须满足农艺要求，使作物苗齐苗壮，并获得良好的生长条件，为增产打下可靠的基础。机播可加快播种进度并提高播种质量，因而是农田作业机械化的重要环节。播种机械所面对的播种方式、作物种类、品种等变化繁多，这就需要播种机械有较强的适应性和能满足不同种植要求的工作性能。

播种作业中要完成开沟、排种、施肥、覆土及镇压等环节，有时施肥和镇压可单独进行。虽然播种机种类较多，但基本上都要完成上述作业环节，因而都有完成各作业环节的主要工作部件和相应的辅助机构。

一、我国播种机发展现状及趋势

（一）发展现状

我国的播种机市场以传统的谷物条播机为主，与小型拖拉机配套的播种机及畜力播种机目前仍占主导地位。全国有500家左右的企业生产播种机，其中只有10家生产与大中型拖拉机配套的播种机，与小型拖拉机配套的播种机和畜力播种机的产量已占到全国播种机产量的90%以上。

最近几年，我国的联合作业播种机市场发展也较快，其播种机机具主要有耕作播种联合作业机、播种施肥联合作业机和施水播种联合作业机等，目前又发展了铺膜播种联合作业机。另外，精少量播种机具推广势头强劲，小麦精少量播种机和中耕作物精密播种机推广应用迅速。

（二）发展趋势

加大采用新兴技术力度目前国外正在发展一些新的播种技术，如美国塞科尔5（X）0型气压式播种机用液压马达驱动风机；德国的A-697型精密播种机装有供驱动排种锥体的液压马达，当地轮滑动时，液压马达启动，以保证排种锥体的转速与机器前进速度相协调，现在也用以操作开沟器的升降，在大宽幅的播种机上还用液压折叠机架，以便安全运输。目前我国播种机正在弥补自己的不足，向着提高作业效率的方向发展。

加大推广精密播种技术我国自 20 世纪 70 年代初开始研究精密播种，目前全国精播的面积还很少，迄今精密播种的作物基本局限于中耕作物。谷物精播的难度较大，至今国内尚无成熟的机型。气力式播种机由于对种子尺寸要求不严，不需精选分级，伤种少，易达到单粒点播，通用性较好，同时它也具备高速作业的性能，满足了对大功率拖拉机的配套和宽幅作业的要求，作业速度可达 10~12km/h，工作幅宽也可加大到 8~12m。因此，气力式播种机应用越来越广泛。可以说，气力式精密播种机是 21 世纪播种机械的发展方向。

进一步发展联合作业的直接播种联合作业是指在播种的同时，完成耕整地、施肥、喷洒药液等作业，其优点是一次可以完成多项作业，作业效率高，保证及时播种，提高产量，可以充分利用配套动力，节省能源，降低作业成本，与传统播种方法相比，联合播种的劳动消耗的作业费用约降低 30%。同时，可以减少机组进地次数，使土壤免受机具的过度压实。直接播种是指将作物种子直接播在留茬地里，用于直接播种的机具称为免耕法或少耕法播种机。直接播种机与一般播种机相比，其结构特点主要是在开沟装置上，通常在播种机组前面加装一个种床式开沟器，用以切断地表的残茬和硬秆或耕出窄带作为种床，然后再由装在后面的种沟开沟器在其上开出种沟。

二、播种的方法及特点

目前在我国应用较为广泛的播种机械种类很多，真正用于现在农业生产的种植方式仍然是经典和传统的，总结起来大致有以下 7 类方式：撒播、精密播种、穴播、条播、联合播种、免耕播种以及铺膜播种。下面简述这 7 种农业播种机械的特点。

1.撒播

将种子按要求的播量撒布于地表的方式，再用其他工具覆土的播种方法，称为撒播。一般作物播种很少使用这种方法，多用于大面积种草、植树造林的飞机撒播。

撒播时种子分布不大均匀，且覆土性差，出苗率低。在飞播中主要用于播种草籽或颗粒小的树籽，其优点是：①可适时播种和改善播种质量；②播种速度快，播种均匀。

2. 精密播种

按精确的粒数、间距、行距、播深将种子播入土壤的方式，是穴播的高级形式。

3. 穴播（点播）

按照要求的行距、穴距、穴粒数和播深，将种子定点投入种穴内的方式。主要应用于中耕作物播种：玉米、棉花、花生等。与条播相比，节省种子、减少出苗后的间苗管理环节，充分利用水肥条件，提高种子的出苗率和作业效率。

4. 条播

将种子按要求的行距、播量和播深成条地播入土壤中，然后进行覆土镇压的方式。种子排出的形式为均匀的种子流，主要应用于谷物播种，如小麦、谷子、高粱、油菜等。

5. 联合播种

机具能够同时完成整地、筑埂、铺膜、播种、施肥和喷药等多项作业或其中某几项作业。联合作业机组可以减少田间作业次数，缩短作业周期，抢农时，以及充分利用拖拉机功率，降低作业成本。其机具的类型较多，如适合玉米耕翻地上作业的旋耕播种机、适于已耕翻地上作业的耕地播种机。因此，联合播种机近几年在生产中得到广泛应用，是未来种植机械发展的方向。

目前，某种作物采用精密点播和窄行密植平作的方法，免去中耕作业，可以较大幅度地提高作物的产量和降低作业成本，是一种新型的种植方法。

6. 免耕播种

前茬作物收获后，土地不进行耕翻，让原有的秸秆、残茬或枯草覆盖地面，待下茬作物播种时，用特制的免耕播种机直接在前茬地上进行局部的松土播种；并在播种前或播种后喷洒除草剂及农药。有以下 3 个特点：一是可降低生产成本，减少能耗，减轻对土壤的压实和破坏；二是可减轻风蚀、水蚀和土壤水分的蒸发与流失；三是节约农时。

7. 铺膜播种

播种时在种床表面铺上塑料薄膜，种子出苗后，幼苗长在膜外的一种播种方式。这种方式可以是先播下种子，随后铺膜，待幼苗出土后再由人工破膜放苗；也可以是先铺上薄膜，随即在膜上打孔下种。铺膜播种有以下优点：

（1）改善植株光照条件。薄膜本身及膜下的细微雾滴对光有一定的反射能力，改善了植株下层叶片的光照条件，有利于提高作物的光合作用。

（2）提高并保持地温。由于阳光可透过薄膜传给土壤热量，而薄膜可隔断空气流动和土壤以长波形式向空气辐射所散失的热量，因而有利于地温偏低时的种子发芽和幼苗生长。

（3）可以抑制杂草生长。作物苗株周围均为薄膜覆盖封闭，杂草无法生长起来。

（4）改善土壤物理性状和肥力。由于水分的气态和液态循环变化，使膜下土壤不断收缩和膨胀，灌溉水或雨水通过横向渗透作用浸润膜下土壤，使其比较疏松而不板结。而且温度较高，持水力强，有利于土壤微生物活动，可加快有机质分解，增强了土壤肥力。

（5）减少土壤水分蒸发。虽然地膜栽培有许多优点，但是其成本较高，消耗动力较多，技术要求也较高，作物收获后，残膜回收问题也未完全解决，所以目前主要用在花生、棉花、蔬菜等经济价值较高的作物栽培上。

三、播种机械的一般构造和类型

（一）一般构造

播种机械的一般构造如图 3-1 所示。

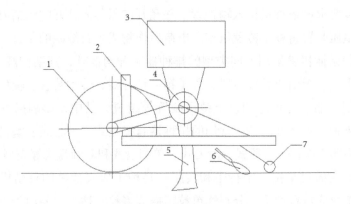

图 3-1 播种机械的一般构造

1.地轮、2.机架、3.种肥器、4.传动装置、5.开沟器、6.覆土器、7.镇压器

（二）类型

按照播种方法可分为撒播机、条播机、穴播机和精密播种机。还可以进一步分为普通穴播机、精密条播机、中耕作物精密播种机等。按照驱动形式可分为畜力播种机和机引力播种机。按照播种的作物不同可以分为谷物播种机、玉米播种机、棉花播种机、牧草播种机和蔬菜播种机。按照播种的形式可以分为槽轮式、型孔式、气力式等。

为了便于机械化管理，对于农业机械的分类和统计，农业部于2008年编制并发布了农业行业标准《农业机械分类》（NY/T1640—2008）一书，将播种机械分为条播机、穴播机、异形种子播种机、小粒种子播种机、根垄类种子播种机、水稻（水、旱）直播机、撒播机、免耕播种机和其他播种机械。

（1）撒播机使撒出的种子在播种地块上均匀分布的播种机。常用的机型为离心式撒播机，附装在农用运输车后部，由种子箱和撒播轮构成。种子由种子箱落到撒播轮上，在离心力作用下沿切线方向播出，使撒出的种子在播种地块上均匀分布，播幅达 8~12m。也可撒播粉状或粒状肥料、石灰及其他物料。撒播装置也可安装在农用飞机上。

（2）条播机主要用于谷物、蔬菜、牧草等小粒种子的播种作业，常用的有谷物条播机。作业时，由行走轮带动排种轮旋转，种子自种子箱内的种子杯按要求的播种量排入输种管，并经开沟器落入开好的沟槽内，然后由覆土镇压装置将种子覆盖压实。出苗后作物成平行等距的条行。用于不同作物的条播机除采用不同类型的排种器和开沟器外，其结构基本相同，一般由机架、牵引或悬挂装置、种子箱、排种器、传动装置、输种管、开沟器、划行器、行走轮和覆土镇压装置等组成。其中，影响播种质量的主要是排种装置和开沟器。常用的排种器有槽轮式、离心式、磨盘式等类型。开沟器有锄铲式、靴式、滑刀式、单圆盘式和双圆盘式等类型。

（3）穴播机是按一定行距和穴距，将种子成穴播种的种植机械。每穴可播 1 粒或数粒种子，分别称单粒精播或多粒穴播，主要用于玉米、棉花、甜菜、向日葵、豆类等中耕作物，又称中耕作物播种机。每个播种机单体可完成开沟、排种、覆土、镇压等整个作业过程。

针对中耕作物行距较宽且需调整的特点，穴播机常采用单体形式，每一个播种单体包括一整套工作部件，能完成开沟、排种、覆土、镇压等整个作业过程。多个单体按所需行距装在同一横梁上，即构成不同行数和工作幅宽的穴播机，与不同功率等级的拖拉机配套。我国还发展了播种中耕通用机，即在同一通用机架上可以按所需行距安装成组的播种或中耕部件。

穴播机的排种器有多种类型。圆盘式排种器是利用旋转圆盘上定距配置的型孔或窝眼排出定量的种子，根据种子大小、播种量、穴距等要求选配具有不同孔数和孔径的排种盘，选用适当的传动速比。气力式排种器是20 世纪 30 年代开始研制的新型排种器，对种子的大小要求不严，种子破损少，可适应 7~10km/h 的高速作业。其中，气吸式排种器是利用风机在排种盘一侧造成的负压排种；气压式排种器是利用风机产生的气流在种子箱内产生的正压排种，种子充填过程受风压大小的影响比气吸式小，工作较稳定；气吹式排种器具有类似窝眼轮的排种轮，种子进入窝眼后，由风机产生的气流从气嘴吹压入型孔。棉籽排种器专用于播种带短绒的棉籽，由装在圆筒形种子箱底部的水平搅拌轮和位于排种口下方的垂直拨子轮组成。为避免棉籽短绒缠结，往往先将棉籽与草木灰拌和，再装入种子箱。常用的开沟器多为滑刀式。此外，穴播机尚需配置开沟器的限深装置、覆土器和镇压轮等部件，还可根据需要配置免耕灭茬播种用的凿形铲或波纹圆盘、抗旱播种用的推干土铲、防治病虫害用的农药施撒装置等。

（4）精密播种机以精确的播种量、株行距和深度进行播种的机械。具有节省种子、免除出苗后的间苗作业、使每株作物的营养面积均匀等优点。多为单粒穴播和精确控制每穴粒数的多粒穴播。一般在穴播机各类排种器的基础上改进而成。如改进窝眼轮排种器上孔型的形状和尺寸，使其只接受一粒种子并空穴；将排种器与开沟器直接连接或置于开沟器内以降低投种高度，控制种子下落速度，避免种子弹跳；在水平圆盘排种器上加装垂直圆盘式投种器，以改变投种方向和降低投种高度，避免种子位移；在双圆盘式开沟器上附装同位限深轮，以确保播种深度稳定。多粒精密穴播机是在排种器与开沟器之间加设成穴机构，使排种器排出的单粒种子在成穴机构内汇集成精确数量的种子群，然后播入种沟。此外，还研制了一些新的结构，如使用事先将单粒种子按一定间距固定的纸带播种，或使种子从一条垂直回转运动的环形橡胶或塑料制种带孔排入种沟等。

（5）联合作业机和免耕播种机如在谷物条播机上加设肥箱、排肥器和输肥管，即可在播种的同时施肥。与土壤耕作、喷洒杀虫剂和除莠剂、铺塑料薄膜等项作业联合组成的联合作业机，有的能一次完成土壤播前耕作、施种肥、土壤消毒、开排水沟、播种、施杀虫剂和除莠剂等项作业。免耕播种机是在前茬作物收获后的茬地上直接开出种沟播种，也称直接播种机或硬茬播种机，可防止土壤流失，节约能源，降低作业成本，多用于谷物、牧草和青饲玉米等作物的播种作业。

第二节　玉米播种机械化技术

一、玉米播种机械化技术概况

玉米播种机械化技术就是指应用机械来完成玉米播种、施种肥、覆盖、镇压等播种作业的全过程。

玉米播种机械的功用是以一定的播量或株穴距，将玉米种子均匀地播入一定深度的种沟，覆以适量的细湿土，同时也可以施种肥并适当镇压，有时还喷洒农药和除莠剂，为种子发芽提供良好条件，以达到高产稳产，提高播种作业的劳动生产率，减轻使用者的劳动强度。

由于玉米种植区域广，各产区有不同的玉米种植制度。适应农艺情况目前主要有精量机械播种技术、地膜机械覆盖播种技术。玉米机械化播种深度是一个关键的质量因素，深度适宜，覆土均匀，有利于苗全、苗壮、苗齐，玉米播种深度主要根据土壤墒情和土壤质地来决定。一般土壤墒情好的地块，播深以 4～5cm 为宜。黏土或土墒过湿时，播深宜浅，以 3～4cm 为好。底墒不足，特别是砂土、沙壤土以及麦田套种玉米播种深度应增加播深。播种深浅应保持一致，提高群体整齐度。随着玉米播种机械化技术的推广普及，玉米播种机的开发与生产得到了迅速发展，各地不少农机厂家生产玉米播种机，质量比较可靠。

玉米播种机的整体结构与通常使用的小麦播种机类似，由机架、排种和排肥部分、开沟覆土部分、传动部分组成。所不同的是玉米播种机一般是穴播机，每穴粒数为 1～3 粒，所采用的排种器型式有气力式和窝眼式排种器。玉米播种机工作行数有 2 行、6 行等多种，可与各种拖拉机配套使用，一般采用三点悬挂装置，挂接在拖拉机后部，动力由地轮提供。

二、玉米机械化播种的农艺要求

（一）对土壤条件的要求

玉米机械化高产栽培技术是高产高效的集约化栽培，它是在较高的土壤肥力基础上，通过规范化、模式化栽培和综合农业措施，使其充分满足对养分、光、温、水、热、气的需求，发挥玉米的增产潜力而产生的。因此，玉米应选择地势平坦，灌排通畅，土壤有机质丰富，肥力水平较高的土地种植。

1. 土层深厚，结构良好

玉米根层密，数量大，垂直深度可达 1m 以上，水平分布 1m 左右，在土壤中形成一个强大而密集的根系。玉米根数的多少、分布状况、活性大小与土层深厚有密切关系。土层深厚指活土层要深，心土层和底土层要厚。活土层即熟化的耕作层，土壤疏松，大小孔隙比例适当，水、肥、气、热各因素相互协调，利于根系生长。土层过薄，会限制根系的垂直生长，肥水供应失调，产量不高。一般说，整个土层厚度最少应保持在 0.82m 以上，利于玉米生长。

2. 土地要求平整

玉米在播前要耙耱好、整平土地，使田间高低一致，没有坷垃，要将大的根茬捡净，以免影响播种质量。

3. 耕层有机质和速效养分高

在玉米生育过程中，提高土壤养分的供应能力，是获得高产的物质基础。玉米吸收的养分主要来自土壤和肥料，玉米所需养分的 3/5 ～ 4/5 依靠土壤供应，1/5 ～ 2/5 来自肥料。由于土壤潜在肥力大，比例适当，养分转化快，速效养分高，并能持续均衡性供应，因此，在玉米生育过程中，不出现脱肥和早衰。土壤的含盐量和酸碱度（pH 值）对玉米生长发育有很大影响。一般来说，玉米对 pH 值的适应范围为 5.0 ～ 8.0，但适宜的 pH 值为 6.5 ～ 7.0，接近中性。玉米与高粱、向日葵、甜菜相比，耐碱能力差。在盐分中，氯离子对玉米危害较大。

4. 土壤渗水保水性能好

玉米高产田，由于土壤熟化土层深厚，有机质含量丰富，水稳性团粒较多，耕层以下较紧实，因此熟化土层渗水快，心土层保水性能好，所以在表层以下常呈潮润状态，有较强的抗旱能力。

（二）对玉米品种的要求

按照生育期的长短，积温的多少，宁夏种植的品种有早、中、晚熟类型。应根据不同地区的气候特点选择相适应的品种。

1. 早熟品种

春播，生产期 80 ～ 100 天，积温 2000 ～ 2200℃，早熟品种一般植株矮小，叶片数量少，为 14 ～ 17 片。由于生育期的限制，产量潜力较小。宁夏南部山区的固原、海原、西吉、隆德、彭阳的北部等地区种植。如中单 5485、冀承单 3 号等。

2. 中熟品种

春播，生产期 100 ～ 120 天，需积温 2300 ～ 2500℃。叶片数较早熟品种多而较晚播品种少。宁夏彭阳中、南部，固原北川、同心、盐池等地区种植。如承 706、金穗 9 号、DK656 等。

3. 晚熟品种

春播，生产期 120 ～ 150 天，积温 2500 ～ 2800℃。一般植株高大，叶片数多，多为 21 ～ 25 片。由于生育期长，产量潜力较大。主要分布在宁夏引黄灌区。如正大 12、宁单 11 号、沈单 16 等。考虑到机械收获，选择的品种在株高上不易过高，穗位要整齐，一般穗位高在 80 ～ 120cm 为好。

（三）对模式结构的要求

玉米机械化播种模式结构要与机械收获相一致，因此，在播种前就要确定好合理的模式结构。玉米栽培主要有单种、套种、地膜覆盖、复种 4 种方式。

1.单种及其模式

单种（清种）玉米指全田只种玉米一种作物，充分发挥玉米的最大增产潜力，获得高产。20世纪80年代前多为单种。20世纪80年代单种玉米渐减。

单种又分为露地种植和地膜覆盖种植。

（1）露地种植。栽培方式一般分为等行距种植和宽窄行种植。

①等行距种植：这种方式种植行距相等，一般行距50～60cm，株距随密度而有所不同。其特点是植株在抽穗前，地上部叶片与地下部根系在田间均匀分布，能充分地利用养分、光、热资源；播种、中耕除草和施肥培土都便于机械化操作。但在高肥水、高密度条件下，在生育后期行间郁蔽，光照条件差，光合作用效率低，群体和个体矛盾尖锐，不利于进一步提高产量。

②宽窄行种植：宽窄行距一宽一窄，一般大行距80cm，窄行距40cm，株距随密度而有不同。其特点是植株在田间分布不均，生育前期对光能和地力利用较差，但能调节玉米后期个体与群体之间的矛盾，适合在高肥水、高密度条件下应用。

（2）地膜覆盖。地膜覆盖玉米是宁夏南部山区主要的种植方式，它充分利用地膜所产生的温室效应，改善热量状况，解决积温不足，无霜期较短的矛盾。据观测，地膜覆盖在玉米整个生育期间对0～20cm土层均有增温效果，全生育期可累计增加≥10℃积温200～300℃，其中以玉米播种到拔节期增温效果最为显著，累计增温142.4℃。地温的增加促进了玉米早生快发，一般提前成熟15～20天。同时，地膜覆盖还是充分利用自然资源、抗旱节水的有效措施。据观测，覆膜后在玉米整个生育期间0～40cm土层都有保墒作用，用水效率达0.82～1.22kg/mm，水分利用率提高48.8%，水地可节水33%。

种植方式：选用0.005～0.008mm的超薄膜，采用宽窄行播种，窄行40cm，宽行80cm，种植2行玉米。播种采用两种方式。

①先覆膜后播种：常在春旱或墒情不足的地区采用此法，在覆好膜的垄面用打孔器打孔播种，播深4～5cm，孔径4cm，每穴2粒种子，用湿土封口。

②覆膜播种一次完成：春雨早或墒情好的地区采用此法，可用覆膜播种机，覆膜播种一次完成，每穴2粒。播深4～5cm，播后用湿细土覆盖，边播种边覆膜

2. 小麦套种玉米模式

小麦套种玉米是一种运用现代科学技术，在一定的土地面积上，建立多种作物层次结构，有效地利用空间、时间和各种物质投入，充分利用水、肥、气、热等自然资源，达到提高土地产出率和经济效益的集约化种植方式。

由于小麦套种玉米受种植模式的限制，机械化程度较低，应结合机械收获的技术要求，主要采取以下几种模式：

总带距为2.1m（银南），其中小麦带宽1.5m，播种12行小麦，玉米带宽60cm，种植2行玉米，行距30～40cm，玉米行与麦行相距15～20cm。

总带距220～230cm，麦带宽120～130cm。种植12行小麦。玉米带宽100cm，种植3行玉米，行距为25cm。

总带距3.5m（银北），其中小麦带距2.3m，种植24行小麦。间作玉米带距1.2m，种植4行玉米，宽窄行种植宽行30cm，窄行25cm，玉米距边行小麦20cm。

（四）对肥、水、密的要求

玉米机械化生产，对玉米的生长状况要求较高。生长整齐致，穗位整齐、果穗大小均匀、无倒伏等对提高机械化收获质量至关重要。只有协调好密、肥、水之间的关系，才能使农机和农艺更好地结合起来。

1. 要合理密植

影响玉米适宜密度的基本因素，一是品种特性，二是栽培条件。因此合理密植的原则，就是根据品种和栽培条件的改变确定适宜密度，使群体与个体矛盾趋向统一，使构成产量的穗数、穗粒数、干粒重达到最大乘积。

般晚熟品种生育期长，植株高大，茎叶繁茂，单株生产力高，需较大的个体营养面积，应适当稀些；反之，植株矮小的早熟品种，茎叶较小，个体营养面积小，可适当密些；地力较差和施肥水平较低，又无水浇条件

的，每亩株数应少些；反之，土壤肥力高，施肥较多，灌溉条件好，密度可大些；紧凑型品种可密些，平展型品种可稀些。

一般的参考密度（株亩）为：平展型晚熟高秆品种，3200～3500；平展型中熟中秆品种，3500～4000；平展型早熟矮秆品种，4000～5000；紧凑型中晚熟品种，4000～5000；紧凑型中早熟品种，5000～6000。

2. 要合理施肥

玉米在整个生长发育过程中，需要的营养元素很多。试验证明，氮、磷、钾、钙、镁、硫、锰、铜、锌、硼、钼等矿质元素及碳、氢、氧3种非矿型元素等，都是玉米正常生长发育所必需的。其中，氮、磷、钾、硫、钙、镁6种元素需要量大，称为大量元素；铁、锰、铜、锌、硼、钼等元素需要量较微，称为微量元素。

一般土壤中硫、钙、镁并不十分缺乏，而氮、磷、钾则因需要量大，土壤中的自然供给量往往不能满足玉米生长的需要，所以必须通过施肥来弥补土壤天然肥力的不足。在各种必需元素中，一旦缺乏其中任何一种都会引起玉米生理生态方面的抑制作用，而表现出不同的反映。因此，只有了解各种营养元素对玉米生长机能所起的作用，才能有效而合理地施用各种肥料。

（1）氮、磷、钾的生理作用。

①氮：氮是所有氨基酸的重要组成成分，氨基酸构成了复杂的蛋白质分子。蛋白质又参与在每个活细胞的生命过程中。氮素也是酶和叶绿素中的重要成分，没有酶，有机体内的各种生化反应就不能完成。而叶绿素的生物学功能是利用太阳光的能量，把无机物质转化为有机物质。变光能为化学能贮存在有机物质中。因此，氮素充足可以促进蛋白质的合成和原生质的增殖，增强代谢过程，玉米就生长健壮，茎叶繁茂，叶色浓绿，光合作用强，积累有机物质多，产量也高。如果氮的补充不足，由于蛋白质、酶和叶绿素形成量减少，所以植株矮小，生长缓慢，最明显的特征是叶片呈现黄绿色或黄色，严重时整叶干枯。如果植株长期缺氮，则会造成营养不良而导致雌穗发育停止，产生空秆或形成小穗，产量明显下降。相反如果氮素过多，促进了蛋白质合成，大量消耗碳水化合物，组织分化不良，则会发生倒伏。

②磷：磷是核蛋白的主要成分，只有磷素不断地进入植物体内，才能形成核蛋白，促进细胞增殖。在光合作用中，如果没有磷的参加，光合作用就不可能进行。在玉米发育初期，短时间中断磷的供应，核蛋白就会停止合成，植物的生长和发育就会受到很大影响。在玉米的生育后期，植株体内养分的运输也离不开磷，充足的磷能使子粒干物质的积累得以顺利进行。

玉米缺磷最主要的特征是根系发育不良，生长迟缓，植株发育受到障碍。在氮素比较丰富的情况下，缺磷植株沿叶缘出现紫红色，极度缺磷时，也会出现叶色浅绿症状。开花期缺磷，则吐丝期延迟，易形成雌雄花不遇，影响正常授粉，致使果穗发育不良，穗行不齐，成熟期推迟。

③钾：钾能促进胶体膨胀，使细胞和细胞壁维持正常状态，以保证新陈代谢和其他功能的顺利进行。如果缺钾，即使土壤中水分很充足，在炎热的中午，叶片也常因丧失膨压而出现萎蔫现象。钾能促进维管束的正常发育、厚角组织增厚、韧皮部变粗，既有利于水分与养分的输送和茎秆坚韧抗倒，也增强了玉米对根腐、茎腐病的抗性。

玉米缺钾时，生长会受到阻碍，叶色黄绿，叶片边沿和叶尖变成紫色，随后干枯呈灼伤状，而叶的中脉两侧部分仍然保持绿色。由于钾可以在植株体内移动，当钾供应不足时，老叶中的钾可以转移到新生组织中去，所以缺钾症状首先出现在老叶上。严重缺钾时，植株矮小，生长停滞，节间短缩，果穗发育不良，果穗失重明显，千粒重降低。

（2）微量元素对玉米生长发育的作用。微量元素种类很多，如硼、锰、钼、铁、铜、钴等，虽然作物需要量都很少，但对玉米生长发育都是很重要和不可缺少的，也是不可相互代替的，如果土壤不能满足需要，对产量影响很大根据现有资料表明，与玉米生长发育关系较大的微量元素主要是硼、锌和锰等。它们大多数是酶、辅酶的组成成分。

①硼：硼在玉米的生长发育过程中，对雌雄穗发育起着重要作用，缺硼则生殖器官发育不良，造成空秆和部分小花败育。缺硼时，玉米植株表现矮小，根部变粗，叶脉间出现白色条纹。

②锌：玉米对锌最为敏感。锌能促进生长素的合成，缺锌时，细胞壁因缺乏生长素而不能伸长，导致节间短缩，叶片叶脉间出现黄色条纹；严重缺锌，幼苗新生叶呈淡黄色乃至白色，老龄叶也相继出现细小白色斑点，并迅速扩大形成局部白色坏死斑块，这时叶面呈半透明的白绸状，风

吹易撕裂。

③锰：玉米对锰素也比较敏感。锰对植株体内的氧化还原过程和含氮物质的合成起一定的作用。锰不足时由于叶绿素生成困难，叶脉间会出现缺绿症状。

（3）玉米营养物质运转和分配规律。

①一般玉米在苗期到拔节期，生长较缓慢，植株较小，玉米从根中吸收和制造的养分运输中心是叶片，这时施肥主要作用是促进叶片的增长，为壮苗、壮秆、大穗打下基础。

②玉米拔节后至大喇叭口期，养分运输分配中心皆由叶片转为茎秆，并开始转向生殖器官。由于此时玉米正处于雌穗小穗、小花分化期，营养生长迅速，雌雄穗分化处于盛期，需要的营养物质最多，是决定果穗大小，籽粒多少的关键时期。这时是追穗肥的最佳时期。肥水齐攻既能满足穗分化对肥水的需求，又能提高中上部叶片的光合生产能率，使运往果穗的养分多，促进结籽，增加粒重。

③玉米进入抽雄以后，体内养分运输中心已由营养器官转入生殖器官，养分逐渐大量供给籽粒，这时需要从土壤中吸收所需氮、磷总量40号左右的养分，同时，籽粒约计80号的重量是靠后期叶片制造的光合产物直接积累的。因此，后期土壤中缺乏肥料，植株脱肥早衰是不能获得高产的。追施一定数量的粒肥，可保证无机营养的充分供给，维持营养器官不早衰，提高光合生产率，促进营养器官中的养分向籽粒中转移。

（4）施肥技术。

①基肥：基肥以有机肥为主，一般基肥中迟效性肥料约占基肥总用量的80%左右，速效性肥料占20%左右为宜。基肥可全层深施，肥料用量少时，可采用沟施或穴施方法。基肥数量较多时，可在耕前将肥料均匀地撒在地面上，结合耕地翻入土内，也可用播种机直接播入。基肥用量，一般应占总施肥量的60%左右。

②种肥：种肥以速效肥为主，化肥作种肥时，用量不宜太大，避免增高土壤溶液的浓度，降低种子出苗率。般亩施磷酸二铵10kg左右，采用精量播种机或种肥一体的条播机，种、肥次完成。肥料要施在种子旁边，距种子5cm以上。套种玉米应重视用种肥，以适量的氮、磷化肥为主，播种时肥料可施在种子旁边也可人工施在两穴玉米之间。

③追肥：宜在拔节中期一次追肥，秆穗齐攻。一般早熟品种出苗后 30 天左右，即"喇叭口期"，追肥为好。中熟品种出苗后 35 天左右，追肥为好。晚熟品种出苗后 40～45 天，追肥为好。以分次追肥为好，重点放在攻秆和攻穗肥，辅之以提苗，攻籽肥。

一般以前重后轻，即攻秆肥占 60%～70%，攻穗肥占 30%～40% 为好。对于一些缺锌、铁、硼等微量元素土壤，在拔节、孕穗期喷施 0.3% 的硫酸锌或 0.2% 硼砂溶液均有显著的增产效果。追肥可分为苗肥、穗肥、粒肥三次。

苗肥：凡是套种玉米都要追苗肥，定苗后要抓紧时间追施苗肥，以速效氮肥为主，沟施或穴施均可。一般苗肥用量应占追肥总量的 25 号左右。

穗肥：玉米进入拔节后，雌雄穗分化开始，对营养物质的需求日益迫切，是需水、需肥的关键时期，也是决定果穗大小籽粒多少的关键时期。这时重施穗肥，肥水齐攻，既能满足穗分化的肥水需求，又能提高中上部叶片的光合生产率，使运入果穗的养分多、穗大粒多、饱满，产量提高。穗肥以速效氮肥为主，采用撒施或穴施方法进行。穗肥用量应占追肥总量的 50%～60%。

粒肥：在玉米开花授粉期施一定量的粒肥，可促进籽粒灌浆，防止叶片早衰，提高光合效率，促进粒多、粒重，获得高立。粒肥用量应占追肥总量的 20% 左右。

3. 要合理灌水

玉米不同生育时期以水分的要求不同，生育前期植株矮小，地面覆盖不严，田间水分的消耗主要是棵间蒸发，生育中、后期植株较大，由于封行，地面覆盖较好，土壤水分的消耗则以叶面蒸腾为主。

拔节—孕穗期营养生长和雌、雄穗分化均需较多水分。抽穗前干旱，会使雌、雄穗抽出的时间相隔过长，影响授粉结实。此时田间持水量以 70%～80% 为宜，占总需水量的 23%～30%。抽雄开花期需水最多，如遇干旱高温则不育花粉增加，花粉和花丝寿命缩短，造成缺粒秃顶。此时田间持水量以 80% 为宜，占总需水量的 14%～28%。灌浆成熟期是产量形成的主要阶段，需较多水分，田间持水量以 75% 为宜。整个生长期间每亩需水 250～270m^3。

三、玉米机械播种在农艺上应掌握的关键技术

（一）种子要精选，质量要高

根据气候条件、自然状况，土壤肥力和土壤水分状况，确定适宜优良品种。通过种子精选，使种子的纯度、净度、发芽率达到 95% 以上，为防止地下害虫，确保全苗，播种前进行种子处理，采取农药浸拌，种子包衣及利用机械措施进行种子磁化等方式，使种子经过处理后具有发芽快、发芽率高、幼苗生长速度加快及显著增产、改善作物品质的效果。

（二）机械播种要掌握合理的播期及播量及深施化肥

机械精量播种是通过播种机具完成全株距、半株距两种播种方式。播种期根据区域类型、气候条件、作物品种、生育期的长短确定，玉米一般在 4 月 15 日至 4 月 20 日期间。播种量根据品种和土质状况及农艺所要求密度确定，一般控制在玉米 37.5 ～ 45kg/hm^3。播种深度根据墒情条件确定，一般在压实地表下 3 ～ 5cm。通过机械精量播种达到用种少，播种质量高，减少间苗，合理密植，通风透光良好，充分利用地力，有利于作物生长，达到增产、增收的目的。

机械深施化肥是利用深施机具，按农艺要求、品种、数量、施肥部位和深度适时均匀地将化肥施于土壤中。施肥时间根据施肥量、品种确定，播底肥时一般利用起垄机械或耕犁机具将部分长效化肥在秋季耕整地的同时施入地表下 15cm 处。播种肥时是利用播种机在春季播种同时将化肥施入种床下 5 ～ 8cm 处，肥带宽度在 3cm 以上，肥条均匀连续，无明显断条和漏施，深浅一致。追肥是利用追肥机在苗期将部分速效肥追入垄沟内。通过三种不同时期的施肥方式，满足了作物生长不同时期所需的肥效，提高了化肥利用率，减少了化肥用量，同时也减少了化肥对环境的不良影响，保证粮食增产之目的。

（三）苗带重镇压，确保出苗齐、壮、匀

机械播种后，适时进行苗带重镇压，能创造一个松紧适宜的土壤耕层构造。适时镇压要根据土壤墒情选择镇压时间，而后合理地对 20cm 宽苗

带进行机械重镇压。镇压强度要保证 650g/cm^2 左右。镇压作业速度一般选在 7～8km/h，通过苗带重镇压，有利于提墒保墒，为种子发芽和作物生长创造适宜的土壤条件，提高作物对土壤中水、肥、气、热的利用率，促进全苗、齐苗、壮苗和高产。

四、玉米机械播种机的应用

（一）机械播种前的准备

1.土壤耕整地作业

耕整地质量是精量播种的基础。通过多年的试验表明，耕深应保证深度一致，不重耕、不漏耕，要求地头整齐、地面平整、土壤细碎、覆盖严量、不露残茬杂草。土壤深耕后及时整地作业。

2.选种及种子加工处理

机械精量播种对种子的质量要求较高，选择适合当地自然条件的高产、优质品种。种子粒要均匀一致，无破损，播前要采取晒种、包衣、等离体机处理等种子处理措施。

（二）玉米机械精量播种的作业质量要求

下种量要精。精量播种理论上要求每穴下种量为一粒。播深要一致。种子播在耕层土壤中的上下位置即播深或覆土深度要一致，一般为 3～4cm，误差不能大于 1cm。

株距要准。精量播种要求株距要一致。种子粒距 >20～30cm 时，相关标准规定合格的作业质量为：气力式种子破损率≤0.5%，重播指数≤15%，漏播指数≤8%，合格粒距变异系数≤30% 苗带要直。种子播在种床后的左右偏差要小，以种床中心线为基准，左右偏差不大于 4cm，出苗后一条线，以利于田间管理。

（三）玉米机械播种操作规范

1.机械深耕耙压整地技术耕地作业多采用翻耙相结合的方法

耕翻作业做到耕深 2～25cm，耕深一致，不漏耕，翻后无立垡、无黏条，残茬覆盖严密，开闭垄少而平。耕翻作业后采用圆盘耙、V型镇压器、钉齿耙带耱子进行耙压整地，使地块达到齐、松、平、墒、净、碎要求，土层形成上虚下实，虚土层厚8～10cm为宜，以利于蓄水保墒、预防春旱，从而保证播种质量，进而提高出苗效果和种苗质量。

2.选好播种用种

玉米品种选择应根据土壤状况、肥力、水分、气候、积温等条件的不同确定。选定品种后，要对备用的种子进行具体检查，要求种子净度不低于98%，纯度不低于97%，发芽率保证达到95%，含水量在14%左右。

3.适时机播作业

当地温达到并稳定在8～12℃时，方可开始播种。此时土壤含水量（0～10cm土层）要在13%左右。

4.合理施用肥料

提倡施用有机农家肥做底肥，底肥要在耕整地前均匀撒施于地表，然后经耕翻埋入土中。施用化学肥料做底肥则通过深施机具将肥料深施于土壤中。常用的深施化肥有两种方法：一是一次性用作底肥深施；二是播种时施足种下肥。深施的化肥同玉米种子之间的隔离带要大于6cm，避免种肥混在一起烧种。一次性深施足量化肥可免去中期中耕追肥作业，集中深施也明显提高了肥效，深施的化肥要做到氮磷比例合适，对缺锌的土壤，要在磷酸二铵上喷附硫酸锌，晒干后施用。

5.防治病虫害常用的方法

播种前进行农药拌种（或浸种）处理或在播种时随种子播下拌药的毒籽或毒土，诱杀害虫和防止病害产生。

（四）机械玉米深施肥作业质量规范

1.施肥深度

化肥深施不是越深越好，而是要有适当的深度，这样，才能确保在减少肥料挥发、冲刷流失的同时，最大限度地被作物充分利用。一般播种同时施肥深度为种下5～8cm，种侧5cm左右，追肥施在垄沟表土下8～12cm深处，底肥深施可结合整地进行，施肥深度一般在20cm上下。

2.施肥时机

专用玉米种植中肥料的施入除底肥、种肥要按当地作业种植）时间（季节）进行施肥外，追肥的施用也应按当地农艺要求时机来进行，一般分中耕追肥，施拔节肥、孕穗肥等等，必要的话，还要依据作物长势施叶面肥料。

3.施肥位置

肥料施用不能与种子混杂在一起，也应尽量避免种肥同床，肥在种子正下方也不理想，肥应尽量施在种子斜侧下方，分布在作物根系附近为好。最好能做到分层施肥。

深翻施肥，在进行深翻作业的同时将底化肥翻置耕层底部，施肥深度可达 20cm 左右。深松施肥，在深松作业时，随机进行深施肥，底肥由于深松作业深度较大，一般 30～40cm，应控制施肥深度，不超过 30cm。打垄施肥，在打垄作业时，利用起垄犁上的施肥装置，将底肥施入垄底，般可达 15～20cm。播种施肥，利用播种机上的施肥装置，随播种施底肥和口肥。一般肥应施在种床下 5～15cm，种侧 3～5cm 为宜，如果机器能满足更深的施肥功能，就要分层施肥。中耕追肥，玉米的后期追肥对促进后期生长发育及提高产量很有作用，进行中耕追肥时追肥深度达到 10cm 左右，应以垄沟追肥为主，时间与中耕作业同步进行，达到深趟沟，浅覆土，多回土。

（五）苗带重镇压技术

1.技术要点

（1）技术要求。苗带镇压器中心线与种床中心线重合，其偏差不得大于 4cm；地表不出现硬盖和龟裂裂纹，种子周围及种床土壤紧实度达到 1.2～1.3g/cm^3。

（2）镇压机具。镇压器与拖拉机配套，般一次能镇压 2～6 行，适应垄距为 60cm、65cm、70cm，地表单位面积镇压强度 650g/cm 左右。

（3）镇压时间。在土壤墒情适宜的情况下，播种后 3～4h 即可镇压；低洼易涝地播后要看土壤水分，一般镇压的时间较晚些，只要种子发芽不超过 2.5cm 即可进行镇压，干旱严重的地块应随播随镇压。播种后因下雨不能马上镇压，可在地表出现干土层时进行镇压。

（4）镇压速度。镇压速度对土壤压实程度影响很大，呈现出随时镇压速度的减慢，土壤压实程度有增大的趋势。为使土壤压实程度符合农艺要求，又有较高的工作效率，镇压作业速度般限在 7 ～ 8km/h。

（5）苗带重镇压技术适宜机平播作业。如果垄上播或在缓坡地上镇压，每次最好压 2 行，以免压偏。

2.播种覆土器调整

为确保苗带重镇压的技术效果。玉米机械播种时根据土壤的温度适当调整覆土深度，通过改变覆土器的前倾角和覆土板的长度来实现。为防止覆土器跳动，要安装配重铁。

（六）播种机械的维护和保养

（1）每班作业后，全面检查各部位螺栓、螺母是否松动，如有松动应及时紧固。

（2）及时清理各工作部分的泥土和杂物，各润滑部位要及时认真地进行润滑。

（3）经常检查导种管、输肥管是否阻塞，必要时加以清理。

（4）经常检查排肥管有无破损漏肥现象，每班作业后应清除肥料以防腐蚀。

（5）每班作业前检查清种器位置是否正确，紧固螺母是否松动。播种过程中，应清理播种盘孔上的杂物。

（6）每作业季度后应检查各轴承间隙，如过大应调整或更换。

（7）作业完毕后，将排肥器和播种器内的肥料和种子清理干净，清理机具表面的泥土及杂物，入土工作部件、螺栓和螺母等连接件的表面及调整部件应涂防锈油，向相应的润滑点加注润滑脂，将风机、中间带轮、超越离合器总成、V 带、传动链条、气吸管以及排种盘都卸下来入库保管。

（七）播种机作业一个季节后应做哪些检查和调整

播种机在结束一个季节的作业后，需长期存放保管，以备来年使用。对播种机的保管应做到以下几点。

（1）播种机各部位的泥土必须清除干净。将种肥箱的种子和肥料清除干净。特别是肥料箱，要用清水洗干净、擦干后，在箱内涂上防腐涂料（塑料箱除外）。

（2）检查播种机是否有损坏和磨损的零件，必要时可更换或修复，如有脱漆的地方应重新涂漆。

（3）新播种机在使用后，如选用圆盘式开沟器，应将开沟器卸下，用汽油或金属清洗剂将外锥体、圆盘毂及油毡等洗净，涂上黄油再安装好。如有变形，应予以调平。如圆盘聚点间隙过大，可采用减小内外锥体间的调节垫片的办法调整。

（4）将土壤工作部件（如开沟器、筑畦器等）清理干净后，涂上黄油或废机油，以免生锈。

（5）播种机应存放在干燥、通风的库房或棚内，避免露天存放。存放时应将机架支撑牢靠，开沟器、覆土器应用板垫起，不要直接与地面接触。

（6）播种机上橡胶或塑料的输种管、输肥管等应取下擦干净后捆好，装入箱内或上架保管。可在管内灌入沙子或塞入干草等，避免挤压、折叠变形。

（7）开沟器上的加压弹簧应放松，保持在自由状态。

（8）播种机在长期存放后，在下一季节播种开始之前，应提早进行维护检修，使机具处于完好的技术状态。

（八）现代播种机装备简介

现代播种机具有现代播种机监控系统，该系统不仅可以当场显示播种作业情况，还能对每一行的播量、每米粒数、排种器转数等进行调节控制。较复杂的监控系统包括监控显示仪、监控线路、种子流光电传感器、测距传感器、转换器与驱动电机、种子面高度传感器等。

播种机作业的监控系统主要由：面积计数器、添加预报装置、故障报警器、排种质量监测装置组成。

1.面积计数器

它的工作原理和一般计数器一样，由齿轮传动，按最终齿轮的转数换算成面积。从地轮转动一圈的面积换算成面积计数器指针的角位移，以公顷或亩作单位标注在刻度盘上。这样即可自动地记下播种机所播的面积。

2. 添加预报装置

当种箱的种子减少到一定的极限剩余量时，监测装置即发出信号通知加种子，这个装置的浮动探测杆位于种子箱内的种子层表面上，当种子不断减少，表层下降时，探测杆就随着向下转动，当转到种子剩余量极限位置时，探测杆后端与触点接触，接通电源，装在驾驶室内的指示灯即发亮。也可以接上蜂鸣器等音响装置，使之发出声音。

3. 故障报警器

响铃式排种故障报警器，工作正常时，动力由方轴通过离合器传动排种器旋转。当排种器受阻卡住不能转动时，塑料销钉剪断，离合器被动套不能转动，而装在主动套上的弹片仍随主动套上的凸耳挡片越过时，弹片振动，弹片上的小锤即敲击铃罩不断发出声响。

4. 排种质量监测装置

机电式排种质量监测装置，其工作原理是它的滚动与型孔带密切接触并随动旋转。滚轮轮缘边侧边有一半镶有与滚轮轴连接并一起接地的金属片。当滚轮转动，金属片触及指示器的触点时，电路接通，指示灯亮，滚轮上没有金属片的部分触及触点时，指示灯熄灭。如果指示灯闪亮或不亮，则表示型孔带的运动有故障，速度不匀或已停止不动。由此可得知排种是否均匀，是否有漏种现象。

第三节 玉米精量播种机械化技术

一、玉米精量播种技术的概念及特点

（一）玉米精量播种技术的概念

玉米精量播种机械化技术是对全株距精密播种、半株距或缩距精密播种、半精密播种等节约种子用量、取得高产播种方法的总称。精密播种的基本含义就是使用机械将确定数量的作物种子按栽培农艺要求的位置（行距、株距、深度）播入土壤，并随即适当镇压的一种机械化种植技术。玉米播种机械化技术核心内容主要指采用精量播种机将玉米种子按照农艺栽培要求的合理数量、位置播入土壤的技术。玉米机械化精量播种技术改变了以往的玉米播种方式，解决了传统播种方式定苗难和种子漏播等问题，同时也有效提高了玉米产量，降低了生产成本。它广泛应用于我国主要玉米产区的播种环节的生产。

玉米精量播种的意义：一是节种。可较传统穴播理论上减少下种量67%，由于目前农民认识不到位，加之种子质量的差异，实际生产中采用加密播种法，在每两粒中间加一粒，或按理论播种量加上一定的加密系数，出苗后按保苗株数留苗，折算后，实际较穴播少下种33%左右，可见节省种子的效益是相当可观的。二是利于植株生长取得高产。精播玉米实现了种子的单株生长，最大限度地减少了种子间、植株间争水、争肥、争光、争热、争气，植株生长外部条件供给集中，竞争小，优化了玉米的生长环境，易培育壮苗，为创高产打了基础。同时也节省了间苗用工，方便了田间管理，降低了劳动强度，节省了生产成本。

（二）玉米精量播种技术的特点

1. 全株距精密播种

其特点是可做到单粒点播，出苗整齐，一致性好，无需间苗，适于土壤条件好、种子纯度高、发芽率高、病虫害防治措施有保证的玉米地块。

2. 半株距或缩距精密播种

就是按玉米播种要求的株距一半或大于一半进行播种，提早防备因种子质量、虫咬等因素影响播种后出苗不全的问题，如有缺苗，可借用前后种苗补全。其特点是保苗率高，耗用间苗工少，苗势齐整，虽多用一些种子，但可使农民打消怕苗不全的顾虑。

3. 半精密播种

以每穴单、双粒下种量占到播种总量 70% 以上的保出全苗播种法，每穴下子籽数 1 ～ 3 粒，以防止单粒播种因种子本身的缺陷及播后虫咬造成的缺苗现象，单位面积的播量同缩小株距播种相近，其特点是可让绝大部分的穴里有种苗株以上，因而存在小苗争肥争水现象，在间苗时费工且易伤害留下的种苗。

二、玉米精量播种机械的类型

目前，我国使用的精量播种机按排种方式可分两种形式，一种是机械式，一种是气力式。按排种器形式可分为。

窝眼轮（垂直型孔轮）式精密播种机。采用窝眼轮排种器的小型播种机是目前农村使用最广的玉米播种机械。

勺轮式精密播种机。采用倾斜勺轮式排种器可以单粒精播玉米。

内侧充种式播种机。主要用于单粒或双粒玉米播种。

侧充种式播种机。采用侧充种式排种器，整体结构简单，可与手扶拖拉机和小四轮拖拉机配套，组成各种机型。

指夹式播种机。该机型是一种整体结构和功能齐全的机械式播种机，国外在播种机上配置计算机控制全程播种作业。

气吸式玉米播种机。该机型是利用气体负压吸取种子进行精量播种，是气力式播种机中性能超群最稳定，使用最普遍的精量播种机。与手扶拖拉机和大、中、小型拖拉机均有相应的配套机型。这种机型由于省种、播种质量高，出苗整齐等优点，是大力推广的玉米播种机。

三、播种机配套原则

一是根据作业面积配套如所承担的作业面积较大，要配大型机具，如四行、六行、八行、十二行机。

二是根据地块大小配套，地块大且连片，适合大型机组作业，地块小或零散，适合小型机组作业。

三是根据拥有动力配套如有小型动力或中型动力，要以配二行、四行播种机为主。

四是根据地势配套如坡耕地、低洼地多时，应选用履带式拖拉机为动力作业。

第四章　植保机械

第一节　植保机械概述

一、植物保护的意义

农作物在生长发育过程中，常常遭受到病菌、害虫和杂草等生物的侵害，轻则局部或个别植物发育不良，生长受到影响，重则全株或整片作物被毁坏。受害作物不仅会使产量降低、品质变差，影响到最后的评价结果，甚至会毫无收获，如果不及时防治和预防则会造成农业生产的巨大损失。因此必须做好植物保护工作，做到经济而有效，防重于治，把病虫害消灭在作物受到危害之前，以达到稳产高产的目的。

二、植物保护机械的发展状况

植物保护是农林作物生产的重要组成部分，是确保农林作物丰产丰收的重要措施之一。为了经济而有效地进行植物保护，应发挥各种防治方法和积极有效措施，进而保护农林作物。贯彻"预防为主，综合防治"的方针，把病、虫、草害以及其他有害生物消灭于作物受到危害之前，不使其造成大面积的灾害。

随着农业化学药剂的不断发展，喷施化学制剂的机械已日益普遍。这类机械主要有以下用途：喷洒杀菌剂或者杀虫剂防治植物病虫害；喷洒除草剂消灭莠草；喷洒药剂对土壤消毒、灭菌；喷施生长激素以促进植物的生长或成熟抗倒伏。目前，国内外植物保护机械化总的趋势是向着高效、经济、安全方向发展。在提高劳动生产率方面，如加大喷雾剂的工作幅宽，提高作业速度，发展一机多用，联合作业机组，同时还广泛采用液压操作、电子自动控制，以降低操作者的劳动强度；在提高经济方面，提倡科学施药，适时适量地将农药均匀地喷洒在农作物上，并以最少的药量达到最好的防治效果。要求施药精确，机具上广泛采用施药量自动控制和随动控制装置，使用药液回收装置及间断喷雾装置，同时还积极进行静电喷雾应用技术的研究等。此外，更注意安全保护，减少污染。随着农业生产向着深度和广度发展，开辟了植物保护的综合防治手段的新领域，生物防治和物理防治器械和设备将有较多的应用，如超声技术、微波技术、激光技术、电光源在植保中的应用及生物防治设备的开发等。

植保机械的分类方法，一般按所用的动力可分为人力（手动）植保机械、畜力植保机械、小动力植保机械、拖拉机配套植保机械、自走式植保机械、航空植保机械。按照施用化学药剂的方法可分为喷雾机、喷粉机、土壤处理机、种子处理机、撒颗粒机等。

三、植物保护的方法

（一）农业技术防治法

利用相应的农业技术，通过作物品种选育、施用化肥、改进栽培方法、实行合理轮作、改良土壤等手段消灭病虫害的方法。

（二）生物防治法

利用害虫的天敌、生物间的寄生关系或抗生作用来防治病虫害。近年来这种方法在国内外都获得很大发展，如我国在培育赤眼蜂防治玉米螟、夜蛾等虫害方面已经取得了很大成绩。为了大量繁殖这种昆虫，还研制成功培育赤眼蜂的机械，使生产率显著提高。采用生物防治法，可减少农药残毒对农产品、空气和水的污染，保障人类的健康。因此，这种防治方法日益受到重视，并得到迅速发展。

（三）物理和机械防治法

物理和机械防治法是利用物理方法和相应的工具消灭病虫害的方法。例如，机械捕打、果实套袋、紫外线照射、超声波高频震荡、高速气流吸虫机等。这些方法都可以达到预期的目的。

（四）化学防治法

化学防治法是利用各种化学药剂来消灭病虫、杂草及其他有害动物的方法。特别是有机农药大量生产和广泛使用以来，已成为植物保护的重要手段。

　　这种防治方法的特点是操作简单，防治效果好，生产率高，而且受地区和季节的影响较少，故应用较广。但是如果农药不合理使用，就会污染环境，破坏或影响整个农业生态系统，在作物植株和果实中容易留残毒，影响人体健康。因此，使用时一定注意安全。化学药剂施用的方法很多，主要有以下几种：

　　（1）喷雾法。通过高压泵和喷头将药液雾化成100~300μm的方法。有手动和机动之分。它喷出的雾滴距离较远，受气候影响较小，药液能较好地覆盖在植株上，药效持久，具有较好的防治效果和经济效果。

　　（2）弥雾法。利用风机产生的高速气流将粗雾滴进一步破碎，雾化成75~100μm的雾滴，并吹送到远方。其特点是雾滴细小，飘散性好，分布均匀，覆盖面积大，可大大提高生产率和喷洒浓度。

　　（3）超低量法。利用高速旋转的齿盘将药液甩出，形成15~75μm的雾滴，可不加任何稀释水，故又称超低容量喷雾。这种方法是防治病、虫害的一项新技术，它不用或很少用稀释剂。为了防止蒸发，药液为油性溶液。由于雾粒细微，下降漂移慢，与作物叶面有更好的附着性能，所以具有防治效果好、工作效率高、节约农药等特点。其缺点是受自然风力影响大，植株下部病、虫害防治效果差，对药液选用和安全防护要求高。

　　（4）喷烟法。利用高温气流使预热后的烟剂发生热裂变，形成1~50μm的烟雾，再随高速气流吹送到远方。有效地附着在作物的各个部位。此种方法适于果树、橡胶树和森林的病、虫害防治，适用于棉花生长后期及高秆作物的病虫防治；还适用于农业保护地的温室、塑料大棚、室内卫生杀菌和畜舍消毒等方面。喷烟灭虫不仅可以节省农药，而且防治效果好。

　　（5）喷粉法。利用风机产生的高速气流将药粉喷洒到作物上。其特点是所产生的喷粉流穿透能力强，能在作物丛中均匀弥漫，对害虫产生触杀熏蒸作用，达到较好的防治效果，尤其对因水分过多而产生霉烂病害的防治效果最为明显。

第二节　背负式手动喷雾器

　　喷雾机的功能是使药液雾化成细小的雾滴，并使之喷洒在农作物的茎叶上。田间作业时对喷雾机的要求是雾滴大小适宜，分布均匀，能到达被喷目标需要药物的部位，雾滴浓度一致，机器部件不宜被药物腐烂，有良好的人身安全防护装置。它具有结构简单、使用方便、适用性广等特点。喷雾机按药液喷出的原理分为液体压力式喷雾机、离心式喷雾机、风送式喷雾机和静电式喷雾机等。此外，如按单位面积施药液量的大小来分，可以分为高容量、中容量、低容量和超低量喷雾机等。

　　喷雾机的种类和型号很多，这里简单介绍关于手动背负式喷雾器和机动喷雾喷粉机的相关内容。

　　背负式喷雾器由操作者背负，它是目前使用广泛、生产量大的一种手动喷雾器和机动喷雾喷粉机。

　　背负式喷雾器的型号较多，各种型号的喷雾机器除药液箱的大小、形状有所区别外，主要构造和工作原理基本相同。现以 WBS-16 型背负式手动喷雾器为例进行说明。

一、构造和工作原理

（一）构造

　　WBS-16 型背负式手动喷雾器包括工作部件和辅助部件两大部分。工作部件主要是液泵和喷射部件，辅助部件包括药液箱、空气室和传动机构等。

　　（1）药液箱由箱体、加水盖、滤网盘、背带等组成。药液箱的横截面成腰子形或圆筒形。

　　（2）空气室位于药液箱的外侧、出水阀接头的上方，是一个中空的全封闭外壳。

　　（3）液泵装在药液箱内，主要由缸筒帽、缸筒、塞杆、皮碗、进水阀、出水阀、吸水滤网和空气室等组成。泵的操作手柄可装在药液箱的左侧或右侧，以方便操作。

（4）喷射部件由套管、喷杆、开关、喷雾软管和喷头等组成。

（二）工作原理

当操作者上下手动摇杆时，通过连杆带动塞杆和皮碗在缸筒内做上下往复式运动，当塞杆和皮碗上行时，出水阀关闭，缸筒内皮碗下方的容积增大，压力减小，药液箱内的药液在大气压力作用下，经吸水滤网冲开进水球阀，进入缸筒。当摇杆带动塞杆和皮碗下行时，进水阀被关闭，缸筒内皮碗下方容积减小，压力增大，皮碗下方的药液即冲开出水球阀，进入气室。由于塞杆带动皮碗不断地上下运动，使气室内的药液不断增加，气室内空气被压缩，从而产生了一定的压力，这时如打开开关，气室的药液在压力作用下，通过出液接头，压向胶管，流入喷管、喷头体的涡流室，经喷孔呈圆锥雾状喷出，并被粉碎成雾滴。

二、使用与保养

背负式手动喷雾器除应严格按照产品使用说明书的要求进行使用保养外，还应注意以下几点。

（1）喷雾器上的新牛皮碗在安装前应浸入机油或动物油（忌用植物油），浸泡24h。向泵筒中安装塞杆时，应注意将牛皮碗的一边斜放在泵筒内，然后使之旋转，将塞杆竖直，用另一只手将皮碗边沿压入泵筒内，就可顺利装入，切忌硬性塞入，以免损坏皮碗。

（2）根据需要选用合适的喷杆和喷头。大孔的流量大，雾滴较粗，喷雾角较大；小孔的相反，流量小，雾滴较细，喷雾角较小，可根据喷雾作业的要求和作物的大小适当选用。

（3）背负作业时，应每分钟摇动摇杆18~25次。不要过分弯腰，以防药液溢出而溅到身上。

（4）加注药液时不许超过喷雾器筒壁上的水位线。若超过，将会影响工作状态。

（5）所用的皮质垫圈，储存时应浸足润滑油，以免干缩硬化。

（6）每次使用结束后，应清洗喷雾器的各个部件，并放在通风处干燥。

（7）禁止手提连杆，以免损坏机具的传动机构。

（8）禁止使用含有强腐蚀性的农药，以免对机具有损坏和腐蚀。

三、常见故障及排除

背负式手动喷雾器常见故障及其排除方法见表 4-1。

表 4-1　背负式手动喷雾器常见故障及其排除方法

故障现象	故障原因	排除方法
摇动手柄时，感到沉重吃力	皮碗扎住或损坏	取下皮碗，放在机油中浸泡，如已损坏应更换皮碗
	塞杆弯曲	加以校直后再用
	出水阀阻塞	拆下出水阀，取出玻璃球，涮洗干净后装好，用煤油清洗
	各活动处卡死、生锈	给各活动处涂抹黄油，对生锈的部件进行擦洗或者更换
摇动手柄时，不进药液	进水阀失去作用	拆下进水阀进行清洗
	吸水滤网堵塞	清洗滤网片
	缸筒内皮碗干缩或损坏	用机油浸泡皮碗后，再装上或更换皮碗
	连接部位漏气	检查各连接处的垫圈
摇动手柄时，气室内有	各部件发生阻塞	检查并清洗堵塞物
药液进入，但喷不出雾	开关未开	打开开关
手柄摇动一下雾就喷出	打气前未关好开关，气室	应旋转气室，倒出药液，装好后关闭开关，
一点，不摇就不出雾	内被药液充满而没有空气	重新打气，然后打开开关喷雾
喷雾不良，不呈圆锥形	喷孔片、喷孔、喷头体斜孔被堵塞	清除堵塞物，不要用钢丝等硬物通孔，以免损坏孔径
	喷孔磨损，形状不圆整	整修喷孔或更换喷头片
缸筒帽处塞杆四周冒水	药液装得太满	倒出一些药液，不要超过安全水位线
	垫圈损坏，不起密封作用	更换新件
各部位漏水	螺丝连接处松动	旋紧松动的螺丝
	连接处垫圈干缩、硬化或损坏	更换垫圈，干缩硬化的皮垫圈在机油中浸泡胀软后再用

第三节　背负式机动喷雾喷粉机械

背负式机动喷雾喷粉机是一种轻便、灵活、高效的植保机械，它具有使用维修方便、工作可靠、一机多用、生产效率高等优点，广泛应用于较大面积的农林作物病虫害的防治，是目前较常用的植保机械之一。

背负式机动喷雾喷粉机，可以完成喷粉喷雾、喷施颗粒肥料、除草剂、植物生长调节剂等项作业，并且它不受地理位置的限制，主要适用于大面积农林作物的病虫害防治以及田间除草、城市卫生防疫、消灭害虫等工作，是目前较理想的小型植保机械。

下面以 WFB-18A 型背负式机动喷雾喷粉机为例进行说明。

一、构造和工作原理

（一）构造

背负式喷雾喷粉机主要由机架、离心式风机、汽油机、油箱、药箱、喷管组件、喷头等部件组成。

（1）机架。机架由上、下机架两部分组成。它是全机的支撑部分，有关构件都安装在它上面。上机架用来固定药箱和油箱，下机架用来安装机器零部件。机架上还装有背板、背垫和背带，供操作人员背负机具使用。为了减轻震动，使操作人员背起来舒适，在发动机和机架之间装有减震装置。

（2）离心式风机。风机是背负式喷雾喷粉机的重要部件之一。离心式风机是产生高速气流的部件，主要由风机壳、叶轮组装、风机后盖等组成。蜗室的作用是将叶轮旋转产生的动能转换成输送气流的压能。

根据风机叶轮组装上的叶片弯曲方向，可以将风机分为向风机旋转方向弯曲的径向前弯式叶片风机和反风机旋转方向弯曲的径向后弯式叶片风机。其特点如下：径向前弯式叶片风机在同样风压下叶轮直径较小，这样就使整个风机体积也比较小；叶轮内径及宽度较大，具有风量大、风压高的优点，但功率消耗大。径向后弯式风机性能特点与如弯式相反。

（3）药箱。药箱是盛装药粉或药液的装置，并借助引进高速气流进行输入药液。根据喷雾或喷粉作业的不同，药箱中的装置也不一样。喷雾作业时的药箱装置由药箱、箱盖、箱盖胶圈、过滤网、进气软管、进气塞及粉门等件组成。需要喷粉时，药箱不需要调换，只需将过滤网连同进气塞取下，换上吹粉管即可。为了防止腐蚀，其材料主要为耐腐蚀的塑料和橡胶。

（4）喷管装置。喷管装置的功用是输风、输粉流和药液，主要包括弯头、软管、直管、弯管、喷头、药液开关和输液管等。

（5）油箱。油箱的功用是存放汽油机所用的燃油，包括油箱、滤网组合、油箱盖、螺栓、油箱密封垫、油箱密封圈和螺母。油箱盖侧部有一小孔，为通气孔，以保证油箱内压力与大气压力相等。

（6）喷头。目前喷雾机械上使用的喷头主要有切向离心式喷头、涡流芯式喷头和涡流片式喷头、扇形喷头、弥雾喷头、喷粉头等。

（二）工作原理

喷雾工作过程喷雾作业时工作过程，是风机叶轮与汽油机输出轴连接，汽油机带动风机叶轮旋转，产生高速气流，并在风机出口处形成一定压力。其中大部分高速气流经风机出口流入喷管，而少量气流经挡风板、进气胶塞、进气软管，经过滤网出气口返入药箱，使药箱内形成一定的压力，药液在风压的作用下，经塑料粉门、出水塞接头、输液管、开关手把组合、喷口，从喷嘴周围小孔以一定的流量流出。流出的药液被喷管内高速气流冲击，弥散成极细的雾粒，并随气流吹到很远的前方，从而实现喷雾作业。

喷粉工作原理喷粉时，同喷雾一样，发动机带动风机叶轮旋转，大部分气流流向喷管，少量气流经挡风板进入吹粉管。进入吹粉管的气流由于速度高又有一定压力，使风从吹粉管周围的小孔吹出，将粉松散，并吹向粉门；由于输粉管内受喷管内高速气流吸力作用而呈负压，将粉剂吸向弯管内，这时的粉剂被风机吹出来的高速气流吹向远方，从而实现喷粉作业。药箱内吹粉管上部的粉剂借汽油机工作时产生的振动，不断下落供吹粉管吹送，药箱内基本上不会有积粉。

二、使用与保养

(一)使用

1.喷雾作业方法

（1）增添药液。加药液前，用清水试喷一次，检查各处有无渗漏；加液不要过急、过满，以免从过滤网出气口处溢进风机壳里；药液必须干净，以免堵塞喷嘴。加药液后一定拧紧盖，加药液可以不关闭发动机，但发动机要处于低速转动状态。

（2）喷洒。机器背上背后，调整手油门开关使发动机工作稳定。然后开启手把药液开关，使转芯手把朝着喷头方向。

喷洒药液时应注意以下几个问题：

①开关开启后，随即用手摆动喷管，严禁停留在一处喷洒，以防引起药害。

②喷洒过程中，左右摆动喷管，以增加喷幅。前进速度与摆动速度应适当配合，以防漏喷影响作业质量。

③控制单位面积喷量。

④喷洒灌木丛时，可将弯管朝下，以防药液向上飞扬。

2.喷粉作业方法

（1）添加粉剂。粉剂应干燥，不得有杂草、杂物等。加粉剂后一定拧紧盖，加粉剂可以不关闭发动机，但发动机要处于低速转动状态。

（2）喷粉。背上机器后，调整手油门开关使发动机工作稳定。然后开启手把粉剂开关进行喷施。

在林区进行喷施应注意利用地形和风向，晚间利用作物表面露水进行喷施效果较好。

（3）停止运转。先将粉门或药液开关闭合，再减少油门，使汽油机低速运转几分钟后油门全部关闭，汽油机即可停止运转，然后放下机器将燃油阀关闭。

（4）夜间作业。本机发动机有照明线圈，如需夜间作业，可以将灯头的接点与照明线连接，即可进行照明，这样可以大大提高作业效率，也可以提高劳动效率。

（二）保养

（1）日常保养。每天工作完毕后应按下述方法进行保养：

①药箱内不得残存剩余粉剂或药液。

②清理机器表面油污和灰尘。尤其是喷粉作业时应勤擦拭。

③用清水洗刷药液箱，尤其橡胶件。汽油机切勿用水冲刷。

④检查各连接处是否漏水、漏油，并及时排除。

⑤检查各螺丝是否松动、丢失，并及时修整。

⑥保养后的机器应放在干燥通风处，切勿靠近火，避免日晒。

（2）长期存放。机器长期存放时，为防止锈蚀、损坏，必须按下述方法封存：

①汽油机按规定说明进行。

②将机器全部拆开，仔细清洗零部件上的油污和灰尘。

③用碱水或肥皂水清洗药箱、风机、输液管，再用清水清洗。

④风机壳清洗干燥后，擦防锈黄油保护。

⑤用塑料罩或其他物品盖好，放于通风干燥处。

三、常见故障及排除

背负式机动喷雾喷粉机常见故障及排除方法见表4-2。

表4-2　背负式机动喷雾喷粉机常见故障及排除方法

故障现象	故障原因	排除方法
喷粉时发生静电	喷管为塑料制件，喷粉时粉剂在高速冲刷下造成摩擦起电	在两卡环之间连一根铜丝即可，或用一金属链，一端连接在机架上，另一端与地面接触
喷雾量减少或喷不出来	喷嘴堵塞	旋下喷嘴清洗
	开关堵塞	旋下转芯清洗
	挡风板未打开	开启挡风板
	药箱盖漏气	将盖盖严，检查胶圈是否垫正
	汽油机转速下降	检查下降原因
	药箱内进气管拧成麻花	重新安装
	过滤网组合通气孔堵塞	扩孔畅通
垂直喷雾时不出雾	如无上述原因则是喷头抬得过高	喷管倾斜一角度可达到喷射高度目的

（续表）

故障现象	故障原因	排除方法
输液管各接头漏液	塑料管因药液浸泡变软，连接松动	用铁丝行紧各接头或换新塑料管
手把开关漏水	开关压盖未旋紧	旋紧压盖
	开关芯上的垫圈磨损	更新垫圈
	开关芯表面油脂涂料少	在开关芯表面涂一层少量的浓脂油
药箱盖漏水	未旋紧	旋紧
	垫圈不正或胀大	重新垫正或更换垫圈，倾斜机器倒出来
药液进入风机	进气塞与进气胶圈配合间隙过大	更换进气胶圈或将进气塞周围缠一层布，使之与进气胶圈配合有一定的紧度
	进气胶圈被药液腐蚀失去作用	更换新的
	进气塞与过滤阀组合之间进气管脱落	重新安好，用铁丝紧固
喷粉量前多后少	机器本身存在喷粉量前多后少特点	开始时可用粉门开关控制喷量
喷粉量开始就少	粉门未开全	全部打开
	粉湿	换用干燥粉
	粉门阻塞	清除堵塞物
	进风阀未全开	全部打开
	汽油机转速不够	检查汽油机
药箱跑粉	未盖正	重新盖正
	胶圈未垫正	胶圈垫正
	胶圈损坏	更换胶圈
不出粉	粉过湿	更换干粉
	进气阀未开	打开
	吹粉管脱落	重新安装
粉进入风机	吹粉管脱落	重新安装
	吹粉管与进气胶圈密封不严	封严
	加粉时风门未关严	先关好风门再加粉
叶轮与风机壳有摩擦	装配间隙不对	加减垫片，检查并调整间隙
	叶轮组装变形	调平叶轮组装（用木槌）

第四节 担架式喷粉机械

各种喷粉机械主要由药粉箱、搅拌机构、输送机构、风机及喷粉部件等组成。工作时，箱内药粉经输粉机构送入风机，在高速气流作用下形成粉流，经喷粉部件喷撒到植株上。

根据配套动力，喷粉机也可分为机动、手动或拖拉机牵引、悬挂等类型。

一、喷粉机种类及其主要构造

（一）喷粉机种类

（1）担架式喷粉机。由药粉箱、搅拌机构、输送机构、风机及喷粉部件等组成。这是一种由小动力带动的喷粉机，采用离心式风机，其叶轮直接与发动机连接，在发动机带动下做高速旋转。药粉箱位于排气管道的上方，箱内有与发动机相连的振动器，它由振动杆和振动筛组成。当发动机工作时，机体的振动通过振动杆传给振动筛，迫使药粉振动，这样可防止药粉结块而架空，保证排粉均匀。粉箱的排粉口正位于出风管道的喉管处，由于该处截面变小，气流速度增加，产生低压，由振动筛筛落的药粉便被吸入出风管道而被高速气流带走，由喷射部件喷出。

（2）手动喷粉器。手动喷粉器有背负和胸挂两种形式，多采用小型离心式风机，由手柄通过增速齿轮箱带动风机叶轮旋转（当手柄的转速为50~60r/min 时，叶轮转速约为 1600r/min）。

（二）主要构造

1. 喷粉头

喷粉头是喷撒药粉的主要装置，其形状直接影响粉流的方向、速度、射程、喷幅及喷洒的均匀性，因此应根据作用条件设计或选用。

喷粉头的种类很多，常用的有以下几种：

（1）圆筒形喷粉头。这是一种远程喷头，射流比较集中，粉剂浓度均匀，射程可达 20~40m。高喷时射程为 10~20m，适用于果园、森林。

（2）扁锥形喷粉头。粉流宽而短，喷撒面较宽，适用于农田作物。

（3）勺形喷粉头。喷出的粉剂成为宽而短的粉雾体，并向上成一角度，适用于由下向上的喷粉作业，如棉田喷粉可将粉剂喷到叶子的背面。

（4）长薄膜喷粉管。这种喷管多用于背负式机动喷雾喷粉多用机，它是一根长为 25~30m、管径约 100mm 的塑料薄膜管，在管的下面开有等距的小孔，管内装有与管长相等的细尼龙绳以加强薄膜管的强度。采用这种方法喷粉可以有效地利用风机的风量，减少粉剂的飘移损失，并可使靠近风口的作物避免风害及药害，生产率也显著提高。

（5）湿润喷粉头。喷粉作业受外界风力的影响较大，药粉易被吹散，不易黏附在植株上。如采用湿润喷粉，可提高粉剂的黏附力并可减少喷粉量及用水量。喷粉头可用镀锌薄板或塑料等制造。

2.搅拌器与输粉器

药粉搅拌器用来搅动粉箱内的药粉，防止药粉结块或架空而影响喷粉量和均匀性。药粉搅拌器有机械式和气力式两种类型。为了将药粉推向排粉口，箱内还装有输送器。输粉器也有许多类型，常见的有螺旋式输粉器、转刷式输粉器及转底式输粉器等。装有气力式搅拌器的喷粉机，其气流也同时具有输粉作用。

二、担架式喷粉机的使用与保养

（一）使用

（1）使用前应把各注意事项准备好，检查各部件是否正常，如不正常应及时进行修整。并根据不同作物病虫害的防治要求，选用不同的喷射部件。

（2）启动整机之前，必须将吸粉滤网放入粉中，以防止泵脱粉运转。

（3）把调压轮调节到最低压力的位置，并把调压手柄往顺时针方向扳足"卸压"。

（4）在正式作业前，应先用药粉进行试喷，检查喷射情况和各接头有无渗漏。如无异常，则可进行喷粉作业。

（5）喷洒时，不可直接对准作物喷射，以免损伤作物。

（二）保养

（1）每天作业后，应在使用压力下，继续喷洒几分钟，防止残留的粉剂对机具内的部件造成腐蚀。

（2）清洗机组外部的部件，清除表面的污物。

（3）按使用说明书的要求，定期更换曲轴箱内润滑油。

（4）当防治季节工作完毕，机具长时间储存时，应彻底排除泵内的粉尘，防止腐蚀机件。能悬挂的最好悬挂起来存放。整个机器及各部件要放在干燥通风处，防止过早腐蚀、老化。

（5）对于活塞隔膜泵，长时间存放时，应将泵腔内的润滑油放干净，加入柴油清洗干净，然后取下泵的隔膜和空气室隔膜，清洗干净，放置阴凉通风处，防止过早腐蚀、老化。

三、担架式喷粉机的常见故障及排除

担架式喷粉机常见故障及排除方法见表 4-3。

表 4-3　担架式喷粉机常见故障及排除方法

故障现象	故障原因	排除方法
吸不上药粉或吸力不足，表现为无流量或流量不足	新泵或长时间不用的泵，因空气在里面循环，而吸不上药粉	使调压阀处在"高压"状态，切断空气循环，并打开出粉开关，排除空气
	吸粉滤网堵塞	将吸粉滤网全部浸入药粉内，清除滤网上的杂物
	将粉管路的连接处未放密封垫圈或吸粉管破裂	加放垫圈，更换吸粉管
	进粉阀或出粉阀零件磨损或被杂物卡住	更换阀门零件，清除杂物

（续表）

故障现象	故障原因	排除方法
压力调不高，出粉无力	调压阀减压手柄未扳到底，调压弹簧被顶起，回水量过多	把调压阀减压手柄向逆时针方向扳足，再把调压轮向"高"的方向旋紧以调高压力
	调压阀阀门与阀座间有杂物或磨损	清除杂物，更换阀门或阀
	调压阀的阻尼塞被污垢卡死，不能随压力变动而上下滑动	拆开清洗并加少量润滑油，使阻尼塞上下活动灵活
液泵温升过高	润滑油量不足或牌号不对	按规定加足润滑油
	润滑油太脏	更换新的润滑油
出水管振动剧烈	空气室内气压不足	按规定值充气
	气嘴漏气	更换气嘴
	空气室隔膜破损	更换隔膜

第五节　超低量喷雾机

超低量喷雾一般指超低容量喷雾，是目前正在推广应用的一项经济、高效、低污染的施药新技术。它是采用一个特殊的雾化器将极少量的药液分散成微小的雾滴，然后靠这些雾滴自身所受的重力及风力等因素的综合作用而产生漂移扩散，并沉降黏附在作物茎叶上。它所使用的农药一般以高沸点的有机溶剂为载体，药液浓度高，同时由于受自然风影响大，容易产生大量漂移和漏喷的现象。因此，要求操作人员有较高的施洒技术。

超低量喷雾机的类型很多，有专用超低量喷雾机（如手持式）和兼用超低量喷雾机（即在一般喷雾机上换用超低量喷头）两大类。在此主要介绍手持式电动超低量喷雾器。

手持式电动超低量喷雾器主要适用于稻、麦、棉、菜等多种农作物的病虫害防治，也适用于经济作物（如茶）及低矮果树的除虫灭害。对于均匀喷洒植物生长激素，以及医院、剧场、饭店、公园等公共场所的卫生消毒等都很适用。其特点是体积小，质量小，效率高，成本低，省水省药。

一、构造和工作原理

（一）构造

超低量喷雾机主要由药液瓶、喷头、电器设备和把手等部分组成。

（1）药液瓶。由耐腐蚀性材料制成，安装在瓶座上。瓶座与流量器制成一体，通过螺栓与喷头支架连接。药液瓶上标有刻度，以便进行观测。在上面有一进气管，以保证瓶内有一定压力，使药液畅通。

（2）喷头。为电动转盘式喷头，由喷头体、流量器、叶轮、防液套、喷头支架和活络节头等组成。

（3）电气设备。由微型直流电动机、电池、电线、接线柱和开关等组成。

（4）把手。它有内外管，可伸缩到操作需要的长度，前端通过喷头支架装有喷头和药瓶，中间有伸缩柔节及导线，后端装有电池座及开关。

（二）工作原理

当接通电源微电机高速旋转时，带动装在轴端的雾化盘一起转动，产生强大的离心力。此时药瓶内的药液靠自重通过流量器以一定的流量流入高速旋转着的雾化盘中部，在强大的离心力作用下迅速形成一层薄膜，贴合在雾化盘的表面，并向雾化盘周边扩展。接着药液又以雾化盘边缘的300个半角锥状齿尖作为始发射点，有规律地呈现一条条液状细丝甩出。细丝液在表面张力及周围空气摩擦阻力冲击作用下，迅速粉碎成为均匀细微的雾滴。雾滴随自然风向飘移，在风力与雾滴自身所受重力作用下，沉积黏附在作物茎叶迎风面及水平面上，而较小的雾滴，则由于地面作物间小气候区中的紊流，可能被带至作物茎叶的背风面及背面黏附，所以有可能使作物茎叶的正反面都得到均匀覆盖，从而收到一定的防治效果。

二、使用与保养

（一）使用

（1）在使用前，检查连接螺钉是否紧固。

（2）检查电池电压，然后装入塑料把手，启动开关，检查电路是否畅通。

（3）打开开关，待电动机运转正常后，即可开始喷雾工作。

（4）作业之前，先查明方向。作业时，喷头应位于喷药者的下方，作业从下方开始进行。

（5）药液在使用之前必须进行过滤。

（6）为保证防治效果，避免造成药害，操作者必须按预定作业状态（行走速度、有效喷幅、喷头高度等）进行喷雾。注意不要任意摆动和晃动喷头。

（7）喷雾器叶轮高速旋转时，其圆周边缘锋利如刀口，手及皮肤不可接触，以免割伤，也不可让其他杂物碰到，以防止叶轮齿尖损坏。

（二）保养

（1）喷雾结束时的保养，在喷雾结束时，应将药液瓶内剩余的药液倒出，再盛入清洗液（如汽油、煤油、肥皂水等）对叶轮、流量器、药瓶座及喷头体进行清洗喷雾。其他重要部件也如此，进行多次清洗，以保证在其表面没有附着物。

（2）喷雾器较长时间不用时要将电池取出，以防电池变质，造成喷雾器零部件锈蚀。对于其他部件，要按说明书上的要求进行清洗保养。之后存放在干燥的地方，存放位置应稳当，避免受到震动而影响电动机的平衡，降低喷雾器的使用性能。

三、常见故障及排除

手持电动超低量喷雾器常见故障及其原因和排除方法见表4-4。

表4-4　手持电动超低量喷雾器常见故障及其原因和排除方法

故障现象	故障原因	排除方法
喷头无雾或出雾不正常	流量器堵塞或者雾化转盘压入过紧	用农药溶剂清洗或用细钢丝穿通
药液滴漏	操作不当，未启动电机先翻转了药瓶	按正确操作方法进行
	药瓶未拧紧	旋紧瓶口螺纹
转盘不转、断续旋转或有不正常噪声	导线与接线柱连接不好	拧紧接线柱螺钉，对连接处进行校正
	塞子中弹簧接触不良	改善接触状况
	开关接触不良	修复开关，清除锈蚀
转盘旋转缓慢；或开始较快，一会儿慢下来	电池容量不足	更换电池
	电刷磨损厉害	调换电刷
转盘不转，用手拨动一下转一下	电刷接触不良	调整电刷，使其接触良好，必要时更换电刷或弹簧
	电池容量不足	更换电池

第六节　其他植保机械

除了以上介绍的各种类型的喷雾、喷粉等植保机械外，还有其他机动农业药械，例如，喷烟机、静电喷雾喷粉机、拌种机等。

下面将对这几种类型的特点及其构造等方面进行简单介绍。

一、喷烟机

（一）特点

喷烟机是一种高效的病虫防治机械。它是利用燃料喷射燃烧时的高温、高速气流，使烟剂（将药剂按一定比例溶解在油雾剂里配成）蒸发和热裂成细微雾滴喷输出去，在空中随气流散布到喷洒目标及其周围。由于雾滴小、沉降速度慢，故能随气流漂移较远的距离，比较持久地悬浮在空中，形成烟雾，透入细小的缝隙，通过触杀和熏蒸作用来消灭害虫。它适用于高秆作物及森林、果园、温室、仓库等场所的病虫害防治，也可以进行除草等。

同其他喷雾喷粉机械相比，喷烟机具有工作效率高、成本低、烟雾粒子小、安全可靠、扩散性好等特点。

（二）构造

背负式喷烟机主要由燃烧及冷却系统、燃油系统、启动系统、烟机系统组成。

二、静电喷雾喷粉机

（一）应用及特点

使用常规喷雾喷粉法来喷洒农药，存在着农药流失量大、药效低、浪费大等问题。即使是超低量喷洒，也存在着细小雾滴或颗粒漂移流失问题。药液和药粉沉附在植株上的沉浮效率，近年来对静电喷雾喷粉机进行了广泛研究。

静电喷雾喷粉机的优点：农药利用率高，因此可以大大节省农药，减少对环境的污染；农药喷洒在植株表面覆盖均匀，吸附牢固；与超低量喷雾喷粉机比较，受气候条件的影响较小等。这种机具的缺点是需要有产生直流高压的电气装置，结构比较复杂，成本高。

（二）构造

静电喷雾喷粉机的构造是由机箱、机载电源、高压静电发生器、药箱、手柄、喷杆和雾化器等组成。

三、拌种机

（一）应用及特点

拌种机是用来对要播种的作物种子预先进行药剂处理，使它的外面包上一层药膜，以防止种子的传染病和避免地下虫害对种子、种芽的侵害。

多用途拌种机的特点是：可以用机械、电力带动，也可以用人力摇转，结构简单，设计制造容易，工作效率高，使用维修方便，拌种效果好，价格便宜。它适用于对种子的干拌、湿拌和半干拌，也可适用于消毒处理各种农林作物种子。

（二）构造

拌种机主要由种子箱、输种器、盛粉器、盛液器、混合室、传动机构和机架等组成。

第五章　排灌机械

第一节　排灌概述

排灌机械的分类：根据灌溉和排水方式分为地面排灌机械、喷灌设备、滴灌设备和渗灌设备四大类。

一、地面排灌机械

包括提水排灌和虹吸灌溉机组。由农用动力机械或利用自然能源驱动水泵，从河、湖、库、塘、井中提水灌溉农田，或从农田、沟、渠、塘堰中排除积水。

通常将动力机和水泵安装在泵房内，配以输水管路及管路附件等其他水工设施，建成排灌站或抽水站。也可根据需要将动力机和水泵安装在船、汽车或拖车上组成移动式水泵机组。

水泵机组包括水泵、动力机（内燃机、电动机或拖拉机等）、输水管路及管路附件。管路包括进（吸）水管路和出（压）水管路。管路上的附件包括滤网、底阀、弯头、变径管、真空表、压力表、逆止阀和闸阀等。

二、节水灌溉设备

（1）喷灌设备。喷灌即喷洒灌溉的简称，它是利用专门的设备（动力机、水泵、管道等）把水加压，或利用水的自然落差将有压水送到灌溉地段，通过喷洒器（喷头）喷射到空中散成细小的水滴，像下雨一样均匀地洒落在田间进行灌溉。

（2）滴灌设备。滴灌设备包括有压水源、管道和滴头三部分。滴头配置在靠近作物根部的地面，持续而小量地施水，水分渗入土壤供作物根系吸收。

（3）渗灌设备。与滴灌设备相似，用浅埋地下的渗水瓦管或打孔双壁塑料管代替装有滴头的毛管，使渗水压力超过土壤水分张力，向作物根系区渗水灌溉。

（4）微灌（滴灌和渗灌）。从地面或地下将有压力的极少量的水或水、肥、药的混合液，利用微灌水器直接润湿作物根系的种先进的节水灌溉技术。

第二节　农用水泵

一、农用水泵的类型

水泵的类型很多，与排灌系统配用的主要有离心泵、混流泵和轴流泵。这三类水泵在结构上的共同特点是，其主要工作部件叶轮都具有若干叶片，因此这三类泵又统称为叶片泵。

在性能上，离心泵、混流泵和轴流泵的主要特点和区别是：离心泵的流量小，扬程高；轴流泵相反，流量较大，扬程较低；混流泵介于两者之间。

在北方地区，还广泛地使用井泵、潜水泵等抽取地下水灌溉农田。在有着丰富水力资源的丘陵山区，常利用水轮泵提水灌溉。

二、离心泵的一般构造与工作原理

（一）离心泵的工作原理与工作过程

离心泵是根据离心力原理设计的。启动前将泵内、进水管内灌满水（习惯称为引水）。当动力机带动叶轮高速旋转时，叶轮中心的水在离心作用下甩向四周，沿箭头方向流向出水管；水甩出后，叶轮中心形成低压（即产生真空），水源的水在大气压作用下，冲开底阀沿进水管吸入叶轮内部。叶轮连续旋转，低处水便源源不断地输送到高处或远处。

离心泵是靠大气压与泵内压力差吸水的，所以离心泵的吸水高度都小于 10m；而且进水管和水泵必须严格密封，不得有漏气和积聚空气现象，否则水泵将无法吸水。

离心泵在启动前必须将泵及进水管内灌满水，或用真空泵抽气，形成足够的真空度（低压）。否则水泵不可能吸水。

（二）离心泵的结构

离心泵的类型很多，如 IS 型、IB 型、BX 型（湘农）泵。其结构大同小异，主要由叶轮、泵体、密封装置、泵轴和轴承等组成。

三、潜水电泵

潜水电泵是将密封防水性能良好的电动机与水泵组合在一起，按电机的防水密封措施不同可分为干式潜水电泵、半干式潜水电泵、充油式潜水电泵、湿式潜水电泵。

QY 型油浸式潜水电泵，主要由立式三相鼠笼异步电动机、水泵和密封装置三大部分组成。根据扬程要求，水泵可采用离心式、轴流式或混流式。

四、自吸离心泵

自吸离心泵是一种取消底阀，启动前不需灌水（只在第一次启动前灌少量水）的水泵。使用方便，得以广泛应用。自吸离心泵按其工作原理可分为内混式和外混式两大类。

五、水泵管路及附件

排灌机械的管路及附件主要包括进水管、出水管、弯头、变径接管、底阀、闸阀、逆止阀以及真空表、压力表等部分。小型排灌机械可根据需要只装其中一部分附件。

六、水泵铭牌与性能

在水泵的醒目位置钉有铭牌，标明了该泵的型号、性能及有关参数。熟悉铭牌，可帮助用户了解水泵的"习性"，合理选择、正确使用水泵。

七、水泵的选型配套、安装与使用

（一）水泵的选型

生产实际中是根据灌溉流量和抽水装置所需扬程来选择水泵的型号。

对于灌溉用泵，其流量的大小取决于水源条件、作物灌溉制度、机组工作制度、灌溉面积、作物因素。可按下式计算

$$流量Q = \frac{每亩一次最大灌水量m \times 灌溉面积A}{轮灌天数T \times 泵每天工作实践t \times 渠道利用系数\eta} \quad m^3/h$$

水泵的扬程应根据水源水位的高低与所需的实际扬水高度，测出实际扬程，并根据地形、管路布置估算损失扬程，两项之和即为水泵的总扬程。

（二）水泵的配套

包括动力机的（类型、功率、转速和传动方式）配套和管路及附件的配套。

（三）水泵的安装

（1）小型排灌站的水泵安装高度，等于允许吸上真空高度减去2.5～3m。

（2）安装地址应是水源充足、水质干净、位于灌区中心、地基坚固的位置。

（3）尽量缩短管长，减少弯头。

（4）管路支承必须牢靠，各接头处须有密封胶垫，以确保严格密封，不漏气。

（四）水泵的使用

1.启动前的准备

新安装或很久没有使用的水泵，启动前须仔细检查，确认无异常后方可投入使用。

（1）检查各部分连接螺母、螺栓有无松动或脱落。

（2）转动泵轴，检查泵内有无不正常声音，判断转向是否正确。

（3）检查填料松紧是否合适，润滑油（脂）数量是否足够质量是否完好。

（4）向泵内灌满引水或用真空泵抽气引水。

2. 水泵运行中的注意事项

（1）检查各仪表工作是否正常。

（2）检查水泵机组是否有不正常的响声和振动，检查机组温度是否正常。

（3）检查轴封装置工作是否正常。若轴封处过热、漏水，应及时调整或修换。

（4）注意水源水位变化和水泵出水情况，若有异常，必须及时排除。

3. 水泵的保养

（1）定期检查并紧固各连接螺栓，清洁水泵外柔。

（2）定期检查水泵润滑情况，根据需要添加或更换润滑油（脂）。

（3）及时检查调整填料松紧度，必要时更换填料。

（4）长时间停用时，应放出泵内存水，在加工面涂抹机油防锈，存放于干燥处。

第三节 节水灌溉与设备

一、喷灌

喷灌是将由水泵加压或自然落差形成的有压水通过压力管道送到田间，再经喷头喷射到空中，形成细小水滴，均匀地洒落在农田，达到灌溉的目的。近年来，喷灌的工作范围已由蔬菜、苗圃和果园向大田作物扩展。

（一）喷灌系统分类

喷灌系统一般包括水源、田间渠道、水泵、动力机械、输水管道及喷头等。根据各组成部分的可移动程度，可将喷灌系统分为固定式、移动式和半固定式三种。

（1）固定式喷灌系统。固定式喷灌系统除喷头外，其余组成部分都是固定不动的。动力机和水泵构成固定抽水站，干管和支管埋在地下，竖管伸出地面。喷头安装在竖管上使用。该系统使用操作方便，生产效率高，运行成本较低，便于实现自动化控制，主要用于灌水频繁的蔬菜和经济作物生产区。

（2）移动式喷灌系统。该种工作系统仅在田间布置供水点，整套喷灌设备可以移动，通过在供水点抽水实现不同地块的定点喷洒，大大降低了投入成本，提高了设备利用率。

（3）半固定式喷灌系统。半固定式喷灌系统的动力机械、水泵和干管固定，喷头和支管可以移动。设备在一个位置喷洒完毕，便可移到下一位置，减小了购买数量，进而降低整体投资。

（二）喷头的种类和工作原理

喷头是喷灌系统最重要的组成部件，作用是将加压水流的压能转变为动能，喷到空中形成雨滴，喷洒到灌溉面积上，对作物进行灌溉。

喷头的种类很多，按照工作压力，喷头可分为低压喷头（近射程喷头）、中压喷头（中射程喷头）和高压喷头（远射程喷头）3种。

按喷洒特征，喷头可分为固定散水式和旋转射流式两大类：

1. 固定散水式喷头

固定散水式喷头在工作过程中与竖管没有相对运动，喷出的水沿径向向外同时洒开，湿润面积是一个圆形（或扇形），湿润圆半径一般只有5~10m，喷灌强度较高。固定散水式喷头因结构简单、水滴对作物的打击强度小等优点，在温室、菜地、花圃中常使用，这种喷头的缺点是喷孔易被堵塞。固定散水式喷头按结构和喷洒特点又可分为折射式、缝隙式和离心式3种。

（1）折射式喷头。主要包括喷嘴、折射锥和支架3部分，水流由喷嘴垂直射出后遇到折射锥阻挡，形成薄水层沿四周射出，在空气阻力作用下裂散成小水滴降落到地面。折射式喷头因其射出水流分散，故射程不远，一般为5~10m。喷灌强度为15~20mm/h。

（2）缝隙式喷头。是在封闭的管端附近开出一定形状的缝隙，水流自缝隙均匀射出，散成水滴而落到地面，缝隙一般与水平面呈30°夹角，以获得较大的喷洒半径。缝隙式喷头结构更简单，但可靠性差，工作时要求水源清洁。

（3）离心式喷头。主要由喷嘴、锥形轴和蜗形外壳等组成。工作时水流沿切线方向进入蜗壳，绕铅直的锥形轴旋转。故经喷嘴射出的薄水层具有沿半径向外的速度和转动速度，在空气阻力作用下，水层很快被粉碎成细小的水滴，散落在喷头周围。离心式喷头的优点是水滴对作物的打击强度很小，缺点是控制面积太小。

2. 旋转射流式喷头

该种喷头可分为单喷嘴、双喷嘴和三喷嘴3种。压力水通过喷嘴形成射流，朝一个方向或多个方向射出，与此同时，驱动机构使喷头绕铅垂轴旋转，在空气阻力和粉碎机构的作用下，射流逐步裂散成细小水滴。喷洒在喷头四周，形成一个以射程为半径的湿润圆。旋转式喷头又可分为摇臂式喷头和叶轮式喷头两种。

（1）摇臂式喷头。摇臂式喷头主要包括喷体、摇臂转动机构、旋转密封装置和扇形机构等部分。压力水流通过喷嘴形成集中水舌射出，水舌内有涡流，在空气阻力作用下，水舌被裂碎成细小的水滴，传动机构使喷头绕竖轴缓慢旋转，这样水滴就均匀喷洒在喷头四周，形成一个半径等于喷头射程的扇形灌溉面积。

（2）叶轮式喷头。也称为蜗轮蜗杆式喷头，工作时，由射流冲击叶轮并通过传动机构带动喷体旋转。由于射流速度很大，故叶轮的转速也较高，但是喷体只要求每分钟转 0.2~0.35 圈，同时需要较大的驱动力矩，故通过两级蜗轮蜗杆降速。这种喷头的优点是转速稳定，不会因振动引起旋转失灵；主要缺点是结构复杂，制造工艺要求较高，成本大。

（三）喷头的基本参数和选择

1. 喷头的基本参数

（1）喷嘴直径。反映喷头在一定压力下的过水能力。压力一定的情况下，嘴径大，喷水量也大，射程也远，但雾化效果差；反之，嘴径小，喷水量就少，射程近，但雾化程度好。

（2）工作压力。单位为 Pa，指工作时喷头附近的水流压力。

（3）喷水量 Q。即流量，单位是 m^3/h，是喷头单位时间内喷出水的体积，估算时可用下式表示：

$$Q = 3600\mu\varpi\sqrt{2gh}$$

式中 μ——流量系数，可取 0.85~0.95；

$\quad\quad\omega$——喷嘴过水断面面积（m^2）；

$\quad\quad g$——重力加速度（m/s^2）；

$\quad\quad h$——工作压力以米水柱表示（m）。

（4）射程 R。喷头喷出水流的水平距离，单位为 m。喷头的喷射仰角为 30°~32° 时，射程的估算公式为：

$$R = 1.35\sqrt{dH_{嘴}}$$

式中 d——喷嘴直径；

$\quad\quad H$ 嘴——喷嘴和以米水柱表示。

（5）喷头的转动速度 n。喷头工作时，转动速度过快，会减小射程；过慢又会造成地面积水和径流，一般以不产生径流积水为宜。一般低压喷头每转一圈约 1min，中压喷头每转一圈需 3~4min，高压喷头每转一圈需6~7min。

2.喷头的选择选择喷头时,要根据农业技术要求、经济条件及喷头型号、性能等综合进行经济技术比较而确定喷头的工作压力。工作压力是喷灌系统的重要技术参数，它决定了喷头的射程，并关系到设备投资、运行成本、喷灌质量和工程占地等。高压喷头的射程远，但配套功率大，运行成本高，喷出的水滴粗，受风影响大，喷灌质量不易保证。低压喷头的水滴细，喷灌质量容易保证，而且运行成本低，但管道用量大，投资高。此外，选择喷头时还要考虑使喷头各方面水力性能适合于喷灌作物和土壤特点。对于蔬菜和幼嫩作物要选用具有细小水滴的喷头；而玉米、高粱、茶叶等大田作物则可采用水滴较粗的喷头。对于黏性土，要选用喷灌强度低的喷头；而沙质土，则可选用喷灌强度高的喷头。

二、滴灌

滴灌是将水以点滴的方式缓慢地滴入作物根部附近，使作物主要根区的土壤经常保持最优含水状况的一种先进灌溉方法。

滴灌用的各种设备与水源工程一起组成滴灌系统。水从滴头流出后，通过重力和毛细管作用力的作用在土壤中形成一定范围的含水量带，作物根系趋向于集中在水分充足、通气良好、盐分较少、吸收水条件最好的地方。

（一）滴灌系统的组成与分类

滴灌系统主要包括首部枢纽、管路和滴头三大部分。

（1）首部枢纽。主要由水泵及其配套动力机、化肥罐、过滤器、控制与测量仪表等组成，作用为抽取灌溉水，加压，施入化肥，过滤，将一定压力、一定数量的水肥送入干管。

（2）管路。主要包括干管、支管、毛管及必要的调节设备（如压力表、闸阀、流量调节器等），作用是将加压水均匀地输送到滴头。

（3）滴头。作用为使水流经过微小的孔道，形成能量损失，减小压力，使水以点的方式灌入作物根系的土壤。

滴灌系统可分为固定式滴灌系统和移动式滴灌系统两类。固定式滴灌系统的毛管和整个灌水区不动，故毛管和滴头用量很大，系统的设备投资较高。移动式滴灌系统的毛管和滴头可以移动，但须用较大长度的毛管，靠人工或机械移动，劳动强度大，操作不便。

（二）滴灌设备

滴灌设备主要包括一些灌溉系统的通用设备、滴头、流量调节器、过滤器、化肥罐等部件。

1. 滴头

控制毛管进入土壤的水流，其工作状况直接关系到滴灌系统的正常运行。目前，国内外滴灌系统中常用的滴头主要包括以下几种：

（1）长流道滴头。主要通过一个螺纹形式的狭长细小的流道来形成水头损失。另外还采用其他方法来增加阻力损失，如增加流道的粗糙度等，使出水口处压力近于零，水在自重作用下成滴状滴出。

（2）管嘴或孔口滴头。使用一个小管嘴或孔口使水流压力消散，或将一个细而长的管子接在出水口上，为了增加消能效果，在进水口处增加切线方向的小孔，使水流动过程中形成涡流。

2. 毛管、支管与干管毛管

是滴灌系统的最后一级管路，滴头就装在其上，材料一般采用高压聚氯乙烯。常用毛管的内径是 10mm，一般铺设在地面上，根据作物的行距确定布置间距。

干、支管主要用于输水，它将灌溉水由首部枢纽输送到各条毛管，材料一般采用硬聚氯乙烯管，埋于冻层以下，防止老化和破损。在干、支管的进水端，一般都安装流量调节器，以保证稳定地按设计流量供水。

3. 流量调节器

常用的流量调节器主要有两种形式。一种是阀式，手操作阀门，使其处于不同的开度而控制流量。另一种是保持固定流量的流量调节器，其工作原理是，当进口压力不超过正常值时，过流孔口断面大；当进口压力升高时，橡胶环被压缩至平直位置，其过流孔口断面减小。

4.过滤器

滴灌系统中经常采用的过滤器主要有滤网式、砂砾滤层式等。

（1）滤网式过滤器。外壳和滤网都呈圆柱形，滤网分内、外两层，由塑料或耐腐蚀的金属做成，孔的大小及其总面积决定了其效率和使用条件。这种过滤器对除去水中的极细砂是有效的，但容易被大量藻类和其他有机质堵塞。

（2）沙砾滤层式过滤器。这种过滤器是一定容量的金属罐，顶盖上设调压阀，罐底依次铺放粒砾石、粗砂、细砂。水由顶盖进水管注入，过滤后的水由罐压阀门流出。为了使上部注水时不冲乱砂石或过滤层，进水管进入罐后分叉成十字形，水由许多孔口注入。当灌溉水中含有大量细砂并夹杂粗砂粒时，用此种过滤器就较为合理。

除上述两种过滤器外，有时也使用离心式以及沉砂池等过滤装置。

化肥罐滴灌工作时可同时施入化肥。盛化肥的设备即为化肥罐。罐的容量一般为 0.5~1L，化肥液由化肥罐注入滴灌系统的干管。化肥的注入方法有利用差压系统注入与利用泵将肥液打人灌溉水两种。注入泵式的化肥罐不承受罐内水压力，可用薄金属或塑料做成，这样成本较低，但是，注入泵的工作需要外部动力。

第四节 设施农业灌溉技术

一、设施农业灌溉简介

灌溉是农业发展的基础，节约灌溉用水则是灌溉的核心。设施农业灌溉是指在农业设施内根据作物需水规律和供水条件，采用一定的灌溉设备给作物生长发育提供所必需的供水量，达到高效利用水资源的目的，是实现作物优质高产的一种现代农业技术措施。

（一）发展设施内节水灌溉技术的必要性

节水灌溉的根本目的是提高灌溉水的有效利用率，保障农作物正常生长，获得农业最佳的经济效益、社会效益和生态环境效益。我国是水资源匮乏的国家，同时又是水资源消耗大国，而农业灌溉用水占总用水量的60% 以上，但灌溉水的有效利用率相当低，不到40%。而发达国家如美国、以色列等，灌溉用水的有效利用率能达到60% ~ 90%。设施内灌溉精准调控技术的应用，是有效解决我国水资源在农业生产上有效利用率低的问题的有效途径之一，并能够在节约水肥资源的同时，调节作物生长环境，改善作物品质和提高产量。

农业设施一般为封闭或半封闭的系统，在压力的作用下通过管道将水分、肥料、农药等对设施内部的作物进行灌溉，采用先进的灌溉技术能有效地解决水资源利用率低下的问题，能够发挥节水增产的巨大效应。

（二）设施内灌溉的作用

1.节约水资源

农业设施内灌溉常采用密闭管道进行，输水过程中一般不存在水的损失；灌水的过程一般采用滴灌、喷灌、微喷灌等技术，水的利用率高，能够实现自动化灌溉，能根据作物的实际生长需求提供水肥。

2. 调节设施内空气和土壤的湿度

农业设施（如温室大棚等）是一个相对封闭的系统，灌溉是设施内作物所需水分的唯一来源，设施内通过灌溉技术措施能够调节空气湿度水平，而不同作物生长需要的空气湿度要求是不一致的。一般而言，设施内的空气湿度较高。当设施内的空气湿度过大时，可采用减少灌水措施和采取通风措施。设施内灌溉也影响土壤的湿度，土壤的湿度状况不仅会影响空气湿度，还会影响土壤的通气状况。

3. 实现自动化灌溉施肥

农业设施内容易实现将灌溉与施肥有机结合，在灌溉的同时能够将一定配比的肥料输送到作物的根部，精准控制灌水量与施肥量，实现节水和提高肥料的利用率。采用灌溉施肥机能够在设施内实现灌溉和施肥的自动化，结合其他自动化技术的应用，使农业设施成为真正意义上的"农业工厂"。

二、设施农业中采用的灌溉形式

设施农业的种类很多，包括简易塑料大棚、日光温室、玻璃连栋温室、小拱棚等，其中受到广泛关注和应用的是塑料大棚和连栋温室。这类设施大多为半封闭环境，设施内土壤耕层不能利用天然降水，灌溉是作物唯一的水分来源。长期以来，我国的大棚温室采用大田传统的沟畦灌溉方式，水分利用率低下和设施内环境恶化，导致病虫害发生严重，不利于作物的生长。

自 20 世纪 90 年代以来，我国开始大规模引进以色列、美国等设施农业发达的国家的先进技术与设备。通过对技术的消化吸收，近年来国内温室大棚的节水灌溉技术有了长足的进步。目前在设施农业中应用得最广的灌溉技术以喷灌与滴灌两种形式为主。

（一）喷灌技术

喷灌技术前文已有介绍，下面主要介绍设施内常见的喷灌形式。

（1）温室固定式喷灌系统。在温室内将微喷头倒挂在温室骨架上，安装高度较高，使喷灌系统不影响设施内的正常作业，一般为固定装置。该装置可用于温室内的喷药、加湿、降温等作业。

（2）温室自走式喷灌。在温室内将喷灌机悬挂安装在温室骨架的行走轨道上的喷灌系统，喷灌机可以移动，通过喷灌机的微喷头对作物进行喷灌。

自走式喷灌机的供水方式有两种：端部供水和中间供水。端部供水方式的供水管通过轨道上方的悬挂轮垂吊在温室中，供水管和电缆能够随喷灌机移动到大棚的下一跨进行喷灌，但喷灌的范围受到供水管长度的限制。中间供水方式的供水管通过卷盘平铺在轨道两侧，大棚中无垂吊的供水管，喷灌机的作业方式显得美观，但喷灌机不能在跨间自动移动。

自走式喷灌机能够方便地进行施肥与施药。目前市场上推广应用得最广的是美国 ITS 喷灌机，但产品价格较高，9.6m/ 跨 ×3 跨、60m 长的温室采用端部供水方式目前约需投资 10 万元；9.6m/ 跨 ×3 跨、120m 长的温室采用中间供水方式目前约需投资 20 万元。目前国内一些厂家也开发出了同类产品，国产自走式喷灌机结构较简单，价格较低。

（二）微灌技术

微灌技术是将水源加压，低压管道的末级毛细管上的孔口或灌水器由压水流变成的细小水滴直接送到作物根区附近，均匀而适量地侵入土壤供作物生长需求的一种最为精准的灌溉技术。

温室中常用的微灌技术有滴灌和微喷灌两种。

1.微灌装置的组成

（1）微滴管和微喷头。微滴管和微喷头为微灌装置的尾部灌水器。目前国内微滴管和微喷头一般以低密度聚乙烯为材质，材质较差，抗老化性差，模具精度较低，滴管容易堵塞，微喷头寿命一般不足 300h，而行业标准为 1500h。

（2）过滤设施。过滤设施包括筛网、过滤器等。离心式过滤器过滤效果较好，但由于质量不稳定，价格高，操作与维护复杂，在设施内微灌系统中很少使用。微灌系统中常出现过滤设施使用不当引起管路堵塞的现象。

（3）配水管、动力设施与控制器。配水管的材质主要为 PVC 管。水泵是微灌系统的动力设备，应耐用、防锈。国内温室的微灌装置大部分为手动控制，近年来也出现了全自动化的控制系统，目前还处于推广应用阶段。

（4）施肥装置。施肥装置是微灌系统的必备组成部分，能够使节水灌溉与施肥一体化，国内一般采用最简单的压力差施肥灌溉，肥料输送不均匀，效果较差。

2. 微喷灌技术

微喷灌是将水与肥通过高压管路系统运送到作物的表面、根部和土壤表面的技术该技术结合了传统的滴灌与喷灌的优点，微喷灌时流量小，能够对水肥进行精准喷施；流速较大，喷头不容易堵塞。微喷头位置可灵活设置，可放置在离作物表面很近的位置，也能放置于膜下进行喷灌。

微喷灌技术比一般的喷灌、滴灌技术更加省水、省肥，尤其适应于大棚蔬菜、花卉、幼苗和观赏作物的灌溉。

（三）沟灌技术

沟灌是传统的灌溉技术，采用将水经沟畦引入的方式进行灌溉。沟灌成本低，操作简便，但水的利用率不高，水在输送过程中损失大，而且会改变设施内空气湿度和升高地下水位，容易引起土壤传播的病虫害。

沟灌时应控制水量，避免造成大水漫灌；冬季时应在中午温度较高的时段灌溉，夏季时应在早晚温度较低时段灌溉。采用沟灌技术进行灌溉时，可采用膜上灌的技术，即在沟底部铺设有小孔的地膜，水流过时向土层渗水，同时也能使渗入的水减少蒸发。目前在简易大棚设施中，沟灌仍是比较常见的灌溉方式，但现代设施农业中已越来越少地采用沟灌技术进行灌溉。

（四）浇灌与渗灌技术

浇灌也是温室大棚传统灌溉技术之一。进行大棚育苗时，由于幼苗比较细小，不能承受大的冲击力，往往采用人工浇灌的方式用洒水壶供水，这种浇灌方式可根据幼苗的实际需水量进行浇水，但人工费用消耗较大。

渗灌是在大棚土壤深度 10 ~ 50cm 厚度处埋设带孔的渗水管，作物的根系可直接吸收渗水管流出的水肥，节水的效应十分明显。同时，渗灌供水的方式避免了其他浇灌方式造成的大棚湿热，减少了病虫害的发生。渗水管的埋深是渗灌的重要参数，可根据作物的种类确定渗水管的埋深，一般蔬菜类作物渗灌管埋深通常为 30cm 以内。

渗灌的输水管路维护成本较高。由于渗灌管理于土壤或基质中，土壤颗粒、微生物聚集等因素均可能造成出水孔的堵塞，影响渗灌系统的使用年限。对于渗灌系统出水孔的堵塞的问题，国外一些公司提出了一些较好的解决方案。如以色列的 Netafim 公司设计的自动清洗和防倒流渗灌系统，在出水口设置一个有弹性的舌片，阻隔因虹吸造成的倒流。

三、工厂化农业与自动化灌溉施肥技术

（一）工厂化农业简介

设施农业相对于传统农业的优势在于作物的生长环境可控，能够人为创造适合作物生长的温、光、水、肥、气等环境条件，实现农产品的工厂化生产。将现代工业技术引入设施农业，在"农业工厂"中实现作物生产全过程的智能化、自动化，是设施农业发展的必经之路。

（二）工厂化农业的相关关键技术

1. 温室环境控制技术

温室环境控制技术包括土壤温度、土壤湿度、空气湿度、光照强度、CO_2 浓度等指标的检测与调控。需要进行实时数据采集和掌握环境因子与作物生长的关系。

2. 作物生理指标监测技术

作物生理指标监测技术是指实时监测温室内作物的各项生理指标，包括水势、蒸腾速率、光合速率、叶面积指数、叶绿素荧光参数等。作物的生理指标反映作物生长的优劣，为优化温室内的控制参数提供依据。

3. 营养液在线检测技术

营养液的检测主要是检测 EC 值和 pH 值。EC 值为电导率，间接反映营养液的浓度状况。根据 EC 值和 pH 值对营养液进行调配，实现设施内水肥

一体化灌溉。

温室环境控制和作物生理指标检测技术是解决作物生长与环境的关系问题，需要工程技术人员与农学家密切合作才能完成攻关。其中，传感器技术是智能化控制的关键环节，我国在传感器领域还明显落后于发达国家。近年来，随着营养液在线监测技术的成熟，我国在设施农业中的水肥一体化灌溉施肥领域也取得了长足的进步，国产灌溉施肥机正逐渐走向市场。

（三）自动灌溉施肥技术

灌溉施肥是将灌溉与施肥技术结合的现代农业技术，在灌溉的同时，将肥料精准地送到作物的根部，能够精准地控制灌溉量与施肥量，实现设施内灌溉的全自动化，是温室作物提高水肥资源利用效率的最有效方法。

1. 灌溉施肥机

（1）灌溉施肥机原理。灌溉施肥机是利用用户设定好的施肥比例、施肥时间、施肥量等参数，根据 EC 值与 pH 检测的结果进行肥料混合，用施肥泵（压力泵或文丘里泵）将水肥输送到作物的根部。一套完整的系统一般应包括混肥装置、注肥装置、控制器、回液系统等部分。

（2）灌溉施肥机的关键技术。①溶液浓度与成分的精确控制：目前市面上的喷灌施肥机对营养液的控制大多采用 EC 值与 pH 值进行分析，无法正确反映营养液中各元素的状况，需要开发相应的离子传感器对各种离子进行在线检测。

②智能化的专家系统：喷灌施肥机的控制器部分是系统的核心部件，需要有良好的人机交互和扩展功能。农学家与工程技术人员须密切合作，建立作物在不同环境条件下的需水需肥的专家系统，使温室施肥控制智能化。该系统应是基于自动气象站的中央计算机控制灌溉系统，属于闭环控制灌溉系统。

③配件材料的可靠性：喷灌施肥机的管路系统、喷头、水泵配件等具有耐酸碱、抗老化、防堵塞、保障水路系统通畅、提高系统的使用寿命的特点。

2. 常见灌溉施肥机。

（1）以色列 Galcon 公司施肥机。Galcon 的施肥机采用以色列农业计算系统主导企业的 Edar-Shany 公司 Galileo 和 Elgal 控制系统作为控制器，Galileo 和 Elga 控制系统是基于气象站的系统，通过多种传感器采集数据，具有控制通风、温度、CO_2 浓度、喷施等功能，能够根据作物需求进行灌溉施肥，其技术在设施农业领域处于世界领先地位。其灌溉施肥机包括肥滴杰（Fertijet）、肥滴美（Fertimix）和肥滴佳（Fertigal）三种。

①肥滴杰（Fertijet）：采用 lgal 灌溉 / 施肥控制器，能实现 2 路肥料和 1 路酸液的混合，一般在水肥混合出口的下游 1.5m 处取样在线检测 EC 值和 pH 值。该设备适合于大田和温室内的灌溉施肥。

②肥滴美（Fertimix）：采用 Galileo 控制器和 Eldargreenhouseirrigation 控制软件，该装置具有混肥桶，能够检测混肥桶水位、pH 值和 EC 值，是一款适合于供温室大棚内使用的施肥机。

③肥滴佳（Fertig）：采用 Galileo 控制器，对水肥进行在线混合和 pH 值、EC 值在线检测。该装置取消了混肥桶，每小时施肥能力在 $10\sim100m^3$，每台机器最多可装 8 个施肥泵。

（2）荷兰 Priva 公司的 Priva Nutriflex 施肥机。Priva Nutriflex 施肥机具有 10 类肥料混合的功能，能按营养成分对水肥进行精确调配，每小时施肥能力达 $10\sim70m^3$，整个施肥过程由计算机控制。施肥机可结合光照强度、累计辐照等参数进行施肥，可采用各种灌溉形式，特别适合各种无土栽培环境的设施农业系统。

（3）国产施肥机。水肥一体化是实现农业工厂的重要环节，近些年国家加大了研发投入，一些高等院校和科研院所对该项技术展开了研究，国内的一些公司也模仿和开发了一些产品投放市场。但国内开发的施肥机在产品功能和可靠性方面与国际先进水平仍存在一定差距。国内产品一般采用固定配比营养液和定时控制方式，大多数为基于 AB 的桶式混合方式，一般不具备营养液精确混合系统和各种信号的闭环信号控制系统。由于国内工艺水平的限制，国产灌溉施肥机的有些关键部件如滤网、喷头等仍采用进口件。

第六章 收获机械

第一节　谷物联合收获机

谷物联合收获机是由中间输送装置将相当于收割机的割台与复式脱粒机连为一体的一种机具。它主要用于稻麦的收获作业，在田间一次完成对作物的切割、脱粒、分离及清粮等，直接获得清洁的籽粒。

应用联合收获机收获，可大幅度提高生产率，降低劳动强度，对谷物种植面积大，收获时节降雨多的地区，使用联合收获机可抢收，争取农时和减少谷物损失。

目前，谷物联合收获机的应用日趋广泛。对耕作面积较大的农场和种田大户，联合收获机是必备机器。随农村经济和工副业的发展以及土地适度规模经营的推广，联合收获机越来越受到广大农民的欢迎和青睐，且大、中、小各类机型应运而生。

一、种类与用途

联合收获机的类型很多，按动力的配套方式可分为4种形式。

牵引式工作时由拖拉机牵引。牵引式联合收获机又分为自身带发动机和不带发动机的两种机型。自身带发动机的牵引式联合收获机，其工作部件由自带发动机驱动，动力充足，割幅较大，能提高生产率。不带发动机的牵引式收获机，其工作部件由拖拉机驱动，其成本低，但割幅不能太大。牵引式联合收获机结构简单，造价较低，但机组庞大，机动灵活性差，割前需开道。

自走式由自身上的发动机驱动行走和工作部件、割台在前方。这种联合收获机结构紧凑，自行开道，机动灵活，效率高，但造价较高。

悬挂式悬挂式联合收获机可分为全悬挂和半悬挂两种。全悬挂式联合收获机，其收割台位于拖拉机前方，脱粒部分位于后方，输送槽在拖拉机的一侧连接二者。半悬挂式联合收获机本身有轮子承受一部分重量，其余重量通过铰接点施于拖拉机上（一般半悬挂于拖拉机的右侧）。悬挂式联合收获机具有牵引和自走两种联合收获机的主要优点，但总体配置和传动受配套拖拉机的限制，升降和传动较复杂，驾驶员视野较差。半悬挂式不能自行开道。

自走底盘式联合收获部件安装在底盘上，收获期过后，可拆下收获工作部件改装其他农具。发动机和底盘可充分利用，总体布置较合理，但结构复杂（因各类机具作业要求不同），造价较高。

二、结构与工作过程

各类型联合收获机，一般由割台、中间输送装置、脱粒清粮部分、粮箱、发动机、底盘、操纵台、传动系统、电气系统、液压系统、安全保护和自控及监视装置等组成。以四平联合收割机厂生产的东风 41Z-5 和新疆 2 自走式联合收获机为例，其构造和工作过程如下：

一般构造东风 -5 谷物联合收获机的基本构为：割台安装在机器的正前方，割台与脱粒机呈 T 形配置。前轮为驱动轮（因整机重心靠前，这样附着力大），后轮为转向轮（液压操向省力，易于远距离控制）。发动机在脱粒机上边，虽机器重心较高，但散热较好，吸气清洁。操纵台在机器的前上部，视野广阔。各操作手柄和电器仪表及监视器等设置在驾驶座的附近，可方便地控制各个工作部件。

该型在收割时能自动开道和有选择地收获，机动灵活，结构合理，故障少生产率高，在大、中、小地块都可使用。但价格较高，发动机和行走底盘不能全年充分利用。

工作过程机组前进，拨禾轮将待割作物拨向切割器（同时扶倒）。切割器在拨禾轮的配合下，将作物割下，而后拨禾轮将割下的禾秆拨倒在割台上，输送器（螺旋推运器）将作物推送到割台中部，由伸缩扒指机构将作物送到中间输送装置（链耙式倾斜输送器），经中间输送器进入脱粒装置而脱粒。脱粒后以籽粒和颖壳为主的短小脱出物，穿过凹板筛，落到清粮装置的抖动板上，而长茎秆以及部分夹带籽粒在逐稿轮的作用下，抛送到逐稿器（分离装置）上。经此分离出的籽粒和断穗等也滑落到抖动板上，与凹板处下来的脱出物混合在一起被送到清粮室，在筛子振动和风扇气流的作用下，籽粒和重杂物被筛落，由推运器和升运器送入粮箱。颖壳及其他轻杂物被气流吹走，断穗和一些杂余经尾筛筛落，由推运器和升运器送入滚筒进行复脱。逐稿器上的稿草在逐稿器抛扬推逐作用下，被抖送到草箱（或排出到机外）。粮箱满后，由卸粮搅龙直接卸于运输车上。

新疆-2自走式轴流谷物联合收获机是一种小型自走式联合收获机，以收割小麦为主，还可兼收水稻、大豆等作物。其特点是结构紧凑，操作方便，机动灵活，适应于小地块和作物含水量大或潮湿时收获作业。

新疆-2联合收获机的脱粒部分采用了双滚筒结构，第一滚筒为板齿滚筒，这种滚筒抓取作物的能力强，便于作物均匀连续地喂入脱粒装置，脱粒效果好。第一滚筒的转速可低一些，作物在此阶段将穗上易脱的籽粒脱掉，免受第二滚筒的打击和搓擦，可减少籽粒的破碎。第二滚筒为多种脱粒元件组合式的滚筒，前端纹杆段与栅格状凹板的脱粒间隙可调得较小些。第二滚筒为轴流式脱粒，即被脱作物总的流向是沿滚筒的轴向方向移动。已经过了第一滚筒的被脱物，其穗上只剩了连接强度大而较难脱掉的籽粒，进入第二滚筒又受到多次反复地冲击和搓擦，确保脱粒干净。由于采用轴流滚筒，茎秆上的籽粒在脱粒的同时就与稿草全部分离开，稿草由第二滚筒抛出机外。所以新疆-2联合收获机省去了逐稿器，使得整机小巧玲珑。新疆-2联合收获机双滚筒结构的工作效果，使其在性能上，既保证脱粒干净，又使籽粒破碎较少。对种子田的收获也很适用。

三、使用与调整技术

（一）割台

联合收获机上的割台相当于收割机，切割作物，并将作物送到中间输送装置。割台主要由拨禾轮、切割器和输送器等组成。

（1）拨禾轮。其作用是将待割作物向切割器方向引导，并扶起倒伏作物；扶持禾秆，配合割刀以稳定切割；推送割下的禾秆于割台上，清理割刀。拨禾轮的类型一般分为普通压板式拨禾轮和偏心式拨禾轮。拨禾轮的构造和特点（以偏心式为例）：偏心式拨禾轮由拨禾弹齿（或压板）、管轴、主辐条、轮轴、偏心圆环、支撑滚轮、偏心吊杆、调节拉杆和副辐条等组成。由于有主、副辐条和偏心吊杆及管轴上的曲柄构成平行四杆机构，可使刚性连接在管轴上的拨齿无论转动到哪个位置均保持方向不变（不调动调整拉杆的情况下），因而可减少入禾时的冲击落粒损失和拨齿上提时的挑起禾秆的现象。又由于拨齿的倾角可依据作物的生长倒伏情况能在一定范围内调整，因此，扶倒能力较强。所以，新型联合收获机上多为这种偏心式拨禾轮。工作时，拨禾板一边绕轮轴做回转运动，一边随机器做前进运动，当拨禾板处于最低位置时，它的绝对运动速度方向是向后的，以使得拨禾板具有拨禾作用。拨禾轮正常工作的必要条件是：拨禾速度比 λ（拨板线速度 V 拨与机组前进速度 V 机之比）大于1，即拨板线速度要大于机器的前进速度。拨禾轮正常工作时，拨禾板的运动轨迹为余摆线。拨板的作用范围是扣环宽度的一半。扣环宽度与 λ 值有关，一般 λ =1.2 ～ 2。联合收获机上 λ =1.5 ～ 1.7 时，工作质量较好（λ 的大值用于机组前进速度较低时）。联合收获机上拨禾轮的调整有两项：一是拨禾轮的转速；二是轮轴相对于割刀的安装位置。当机器前进的速度变化时，拨禾轮的转速也要相应作变化，以便有合适的拨禾速度比，否则会失去拨禾作用或产生茎秆回弹。轮轴安装位置的调整分为高度调整和前后调整，调整的依据主要是作物高度和生长状态。调整的目的在于满足拨板入禾时的水平分速度为零（减少冲击损失）或满足拨板的作用点在割下禾秆重心的稍上位置（顺利铺放）。调整原则：

①收高秆作物，轮轴移前、升高；

②收矮秆作物，轮轴移后、降低；

③作物前倒或侧倒，轮轴移前、降低；

④作物后倒，轮轴移后、降低。

（2）切割器。切割器是联合收获机上的重要工作部件。切割器的种类很多，目前谷物联合收获机上主要采用的有回转式和往复式两种。回转式切割器存在着传动复杂、割幅受限制的缺点，目前联合收获机上大都采用适应性强、结构简单、工作可靠的往复式切割器，且往复式切割器为有支撑切割，不需很高的切割速度。往复式切割器的组成有割刀（动刀片、刀杆、刀杆头），铆有定刀片的护刃器、压刃器（摩擦片）、护刃器梁等。往复式切割器类同于理发推子，装有定刀片的护刃器为支撑件。工作时，割刀相对于护刃器做往复运动，并与机器一起前进，动刀与定刀构成切割幅，首先钳住茎秆，进而剪断。要保证切割质量，动、定刀必须具有正确的切割间隙，这个间隙由压刀器来保证。切割器的技术状态正常与否，对工作质量有很大影响，应随时检查和调整。切割器的调整有三方面：

①整列调整：使各护刃器间距相等；齿尖端应在同一水平线上，检测方法为自两侧护刃器尖端拉紧一线绳，各护齿尖与该直线的高低差不得超过 3mm；定刀片应处于同一平面内，检测方法为用直尺在 5 个定刀面上紧靠，偏差不得大于 0.5mm。调整方法为螺栓处增减垫片，重新紧固；可用一只管子套在护齿上搬动或用锤敲打变形。

②对中调整：动刀在死点（极端）位置时，动、定刀片的对称中心线应重合。割幅 B ≤ 2m 时，偏差为 ±3mm；B>3m 时，允许偏差为 ±5mm。检测方法为先在动、定刀的中心线上作上标记，搬动传动机构，割刀处于行程的极限位置后进行观测。调整方法为若对中偏差超过允许值，采用改变驱动连杆长短的方法来调整。

③间隙调整：调动、定刀的间隙，分顶端和根部两个部分。其技术要求是动刀处在极限位置时，动、定刀的前端应贴合，最大允许有 0.5mm 的间隙；根部应有 0.3 ~ 1mm 的间隙，最大允许 1.5mm，但达到 1.5mm 的数量不得超过全部护刃器的 1/3。检测方法为动刀在极限位置时，用厚薄规测。调整方法为改变压刃器的压紧程度（增减垫片或变形）来调整间隙（压刃器与动刀片间隙不得超过 0.5mm）。

最后，调好的切割器应能手拉动作自如，不卡不旷。使用过程中，依据切割质量情况，需随时进行调整。

（3）割台输送器。全喂入式谷物联合收获机的割台输送器一般有两种，即螺旋推运器和输送带。螺旋推运器亦称割台搅龙，应用最多，因为它结构紧凑，使用可靠、耐用。割台螺旋推运器的组成主要有两部分：螺旋、伸缩扒指。左、右旋向的螺旋将割下的谷物推向伸缩扒指，扒指将谷物流转过 90° 纵向送入倾斜输送器。割台螺旋推运器的调整有两方面：

①螺旋叶片与割台底板的间隙：以适应作物的不同产量。当产量高、物层厚时，间隙增大。调整范围 6 ~ 35mm。调整方法为改变两侧调节板的固定高度即可。

②扒指与底板的间隙及其最大伸出长度的方位：可通过调动调节手柄来实现。扒指与底板间隙一般为 10 ~ 15mm，最小 6mm。最大伸出长度的方位依据割下禾秆的长度和是否能顺利扒送来调整。

（4）割台各工作部件的相互配置。主要指螺旋、割刀和拨禾轮的相互配置。螺旋相对于割刀的距离依据一般割下禾秆的长度范围等比设计，收割时，若禾秆割下部分较短，易在刀后堆积，造成喂入不均，若禾秆过长，易从割台上滑落，造成损失；螺旋叶片割台底板的间隙，可依据割台上的作物量进行调节，范围 6～35mm。螺旋叶片与割台后壁的间隙一般为 20～30mm。拨禾轮压板（或弹齿端）与螺旋叶片的间隙应保持最小间隙为 40～50mm，以防互相干扰。

（5）割台的升降仿形装置。仿形装置是使割台随地形起伏而变化，以保持割茬一定高度的装置。割台的升降和仿形一般由同一机构完成。割台仿形装置的种类有机械式、气液式、电液式。以东风 -5 联合收获机为例，介绍机械式仿形机构。该机割台的升降靠油缸来完成。割台的仿形靠割台（即框架）围绕固定在倾斜输送器支架上的铰链的转动来完成。由于铰链是球铰，所以割台能够纵向仿形，也能横向仿形。为了限制割台在水平面内的转动，在倾斜输送器支架上装有滚轮，顶在割台管梁的挡板上，因而保证了割台的正确前进方向。左右两组平衡弹簧的上端固定在倾斜输送器壳体上。其下端通过拉杆与割台铰接在一起。这样，割台的大部分重量就转移到壳体上，以减小滑板对地面的压力。东风 -5 联合收获机的油缸不是直接顶在割台上，而是顶在倾斜输送器的支架上，并且在输送器壳体上铰链摇杆和固定支板。摇杆的上端与平衡弹簧的下端铰接在一起。这样，当割台在工作位置时，油缸和倾斜输送器的壳体是固定不动的。收割台的重量主要由球铰和平衡弹簧来支撑，而且在摇杆和固定支板之间保持一定的间隙，以满足割台仿形的需要。当收割台围绕球铰做纵向仿形时，平衡弹簧随之伸长或缩短，摇杆也绕其后端做上下浮动。当收割台围绕球铰做横向仿形时，一边平衡弹簧伸长，另一边平衡弹簧缩短，割台上的挡板沿壳体上的滚轮上下滑动。需要升起割台时，使高压油进入油缸中，油缸的柱塞将倾斜输送器的壳体绕挂结轴向上顶起，固定在其上面的支板和球铰也随之升起；收割台在本身重量作用下，开始围绕球铰向下转动，平衡弹簧伸长，摇杆的上端也向下转动；当摇杆转至和支板相碰时，割台和倾斜输送器壳体就变成一体，一起向上升起达到运输位置为止。如不需要仿形时，可在支板上固定一个垫块，消除支板与摇杆之间的间隙，并使割台略向上升起，使仿形滑板离开地面。在长距离运输时，为避免割台跳动，可用螺栓把摇杆固定在支板上，使之成为一个整体。如不需仿形时（平地或高低割茬时），可类似于运输状态的形式进行收割。

（二）中间输送装置

中间输送装置是作物从割台到脱粒机的"过桥"，在全悬挂式联合收获机上叫输送槽（较长）。中间输送装置一般又称倾斜输送器。中间输送装置是将割台推运器送来的作物拉薄，并均匀地喂入到脱粒部分。其种类，全喂入式联合收获机上有链耙式、转轮式和带式（老式）；半喂入式联合收获机上，采用夹持输送链。

物层的变化，防止堵塞。链条通过被动轴可调张紧度，工作时张紧度应适当般从链条中部能提起 20～30mm 的高度为宜。为便于喂送，被动轴处链耙的耙齿与壳体底板间隙应保持 10～20mm。

（三）脱谷机部分

脱谷机部分相当于一个复式脱粒机。包括的主要装置有脱粒、分离和清粮三大装置，附设逐稿轮，谷粒、杂余推运器和升运器等辅助机构。

1.脱粒装置

脱粒装置对谷物进行脱粒，并尽可能多地使谷粒从稿草中分离出来。此装置是联合收获机上重要工作部件，它不仅与本部分的脱粒质量（脱净、破碎等）有关，而且对整机的生产效率和对其他工作部件（分离、清粮）的工作有着很大的影响。目前，大、中型联合收获机上大都采用全喂式脱粒装置，多为切流式纹杆脱粒装置（有的为钉齿式）。纹杆滚筒式脱粒装置通用性好，能适应多种作物的脱粒。作物较干和薄层喂入的情况下，有良好的脱粒质量，结构简单。现在，轴流滚筒式脱粒装置有了较多的应用和发展，这是一种新型的脱粒装置，适于小麦、水稻、大豆、玉米等多种作物的脱粒。常用脱粒装置的结构配置和工作过程及特点如下：

（1）切流式脱粒装置（以纹杆滚筒为例），其组成有纹杆滚筒和栅格凹板。滚筒外缘与凹板栅格顶面构成脱粒间隙 δ（钉齿滚筒脱粒装置的脱粒间隙主要指相邻钉齿的齿侧间隙），入口间隙大，出口间隙小，一般 $\delta_入 = (3～4) \delta_出$。脱不同的作物或不同状况的作物时，要求有不同的脱粒间隙。纹杆滚筒脱粒装置主要靠对谷物高速打击和搓擦而脱粒。其工作过程为，作物在喂入轮的辅助下连续喂入，高速旋转的滚筒抓取并冲击谷物，并托入脱粒间隙，进一步受到冲击和搓擦。脱下的以谷粒为主的细小脱出物大部分穿过凹板筛孔；以茎秆为主的脱出物由间隙出口在逐稿轮的配合下抛送到分离机构（逐稿器）上。有的联合收获机上的脱粒装置还起着对清粮时收回来的断穗杂余进行复脱的作用。切流式脱粒装置结构简单，适应性较强，干脱和薄层喂入时脱粒质量较好。作物潮湿和喂入不均时，脱粒质量明显下降。脱净与破碎的矛盾比较突出。

（2）轴流滚筒脱粒装置。其构成为滚筒、凹板和上盖，且上盖的内壁装有螺旋导向板。所谓轴流，是指被脱谷物总的流动趋势沿滚筒轴向移动到排草口（实际是螺旋线运动）。轴流滚筒脱粒装置的工作原理是：在脱粒间隙内，谷物受到反复地多次打击和搓擦而脱粒。这种脱粒装置的滚筒、凹板长，凹板包角大，脱粒间隙较切流式的大，脱粒和分离时间长。故脱净率高，分离好（全部籽粒经凹板分离，省去了逐稿器，使联合收获机结构紧凑），且籽粒破碎、暗伤少（解决了切流式脱粒装置的脱净与破碎相矛盾的问题），对作物适应性好，可一机多用，提高利用率。缺点是茎秆破碎较重，增大了清粮负荷。联合收获机的脱粒装置可调整，其目的是为适应不同作物和不同的作物状况，以改变脱粒强度。调整有滚筒转速和凹板间隙（脱粒间隙）两个方面。调整的正确与否直接影响脱粒质量。滚筒转速调整的依据是作物的种类、特性、湿度和成熟度等。转速过低，脱不净；若过高，谷粒和茎秆破碎严重。滚筒转速的调整方法一般为三角带无级变速（如东风 -5 联合收获机）。凹板间隙调整的依据也是作物的种类、特性、湿度和成熟度及脱粒质量等。联合收获机在收获前期，因作物成熟度较低，湿度大，湿草多，间隙应较小，增强脱粒强度，以保证脱净的前提下，避免造成籽粒和茎秆过重的破碎。调整时，首先应尽可能地放大间隙，当出现脱不净损失超过允许值时，再把间隙调小。如籽粒破碎率超过允许值时，应增大间隙（或适当降低滚筒转速），达到脱净和籽粒破碎指标均符合要求。东风 -5 联合收获机通过移动凹板改变间隙。目前，切流式脱粒装置的联合收获机的间隙调整机构具有快速放大（快速调动）的功能，以便快速清堵和复位。这种机构可进行三方面的调整：出、入口间隙分别调整；出、入口间隙联动调整；快速放大和复位。

（3）钉齿滚筒脱粒装置。钉齿滚筒脱粒装置的脱粒间隙，主要指"齿侧间隙"（即相邻两钉齿侧表面之间的距离），其次是齿顶间隙。调整凹板，改变距离的大小，即可调整脱粒间隙。

2. 分离装置

分离装置的功用为用来回收脱出物中夹带籽粒和断穗，并把茎秆排出机外。脱出物是指长茎秆、短茎秆、颖壳、籽粒和断穗等组成的混合物。分离装置一般要求籽粒的夹带损失小于 0.5% ～ 1%；分出的细小轻杂物（短秆、叶子等）尽量少（以利于清粮）；排草顺利。在切流滚筒式联合收获机上，分离装置的类型一般为键式逐稿器，其分离原理为抛扬原理。联合收获机上的逐稿器多为双轴四键式，键箱相互平行，四个键的抛扔顺序为 1—3—2—4。逐稿器总宽与滚筒长度相仿，键长 3 ～ 5m。键面呈阶梯形（一般为 2 ～ 5 阶，落差为 150mm），其目的是抖松稿层，提高分离性能，同时降低整个机器的高度。键面上有鳞片、凸筋以及高出键面的两侧齿板、延长板等，其作用是阻止物料下滑；增强抛送能力；支托稿草。

3. 清粮装置

其功用是从脱出物中把轻杂物清出机外，分出杂余断穗去复脱，选出谷粒，获得清洁的粮食。对清粮装置一般要求粮食清洁率大于 98%；清选损失小于 0.5%。联合收获机清粮装置有风扇、筛子配合清粮（又称气流筛子式）。清粮装置的调整有两方面，一是筛子倾角和筛孔开度的调整，二是风扇风量和风向的调整。调整依据是粮箱中的粮食是否达到清洁要求和筛后是否吹出籽粒太多（即损失不能超标）。使用中，在保证吹走损失不超标的前提下，风量尽量大些，以提高粮食清洁度。

4. 监视装置及安全保护

包括发动机、工作部件和工作质量的监视装置。

（1）发动机监视。如电流表、水温表、油温表、油压表等。

（2）工作部件监视装置。包括逐稿器的信号装置、粮箱监视器和杂余推运器、籽粒推运器的安全保护和信号装置。

（3）工作质量监视装置。由传感器和仪表组成，可监视逐稿器、清粮筛等工作部件的损失情况。

四、维护与维修方法

正确的使用和良好的维护保养，可使机器具有完好的技术状态，进而保证作业质量，提高生产率，并延长机器使用寿命。

（一）割前技术检查

割前（尤其是新的或维修过的联合收获机），必须依据技术要求，进行全面细致的检查，以达到正常工作的技术状态，预防和减少故障。检查的内容和方法见随机说明书。

（二）联合收获机的操作

要做到丰产丰收，联合收获机驾驶员必须运用好机器，正确操作，提高生产效率，提高作业质量，减少故障，抓有利农时抢收，颗粒归仓。

不同机型其操作亦有不同，但总的原则是一致的。以东风-5联合收获机为例，操作步骤和方法是：

（1）发动机的启动和停机（见随机说明书）。

（2）入收割区和正常收割。

①入收割区：进地前，操作操纵阀使联合收获机减速；平稳地接合工作离合器；割台降至收割高度；逐渐加大油门而后入区收割；每运行50～100m后，停车检查作业质量，并相应调整，直到作业质量符合要求，方可进入正常收割。

②正常收割的正确操作和注意事项：及时调整拨禾轮高度，依据作物高度和倒伏情况；及时改变行进速度，依据作物干湿程度、杂草多少、作物稀密或产量高低；及时调整割台高度，以距地表状况和割茬高低的要求；及时调整拨禾轮转速，依据拨禾轮的作用程度和机器行进速度；及时卸粮。

除上述操作外，要随时观察和注意仪表及信号装置等。高温气候下作业要特别注意油压和水温，若油压过低或水温过高，应适当停歇或换水，及时清理散热器；注意观察割台前环境，作物状况，割台输送情况等，若作物中夹有较多杂草或割台上出现堆积情形时，可踏行走离合器暂停，以防超负荷或过度喂入不均；随时注意各工作部件的运转是否正常，注意故障信号情况；注意是否有异常声响，安全离合器有无打滑声，摩擦片式离合器是否因打滑生热而冒烟等。一般正常作业时，要有驾驶员和助手二人随车，配合工作。在正常收割时，不可采取的操作：不允许用小油门的措施来降低行进速度。否则，会使工作部件的速度降低（达不到额定值），造成作业质量下降，更甚的是容易堵塞滚筒。要想降低行驶速度（为减小负荷），可变低挡和通过行走无级变速来降速。割出地块、停车卸粮或地头转弯时，一般不可马上减小油门或停机（特殊情况除外）。否则会造成滚筒堵塞，或机内物料得不到满意的加工，或造成重新启动时负荷过大，致使机内禾料堆积和堵塞。

（3）转弯时的操作。转弯时要低速，应保持转弯圆角，不要漏割，不要转弯过急而压俰作物。一般大地块转弯时要同时收割，收到后 2～3 圈时，采用"梨"形或"8"字形完成转弯。

（4）卸粮。粮即将满箱时，用彩旗或灯光鸣声通知运输车卸粮。若停车卸粮，必须将割台升高，拨禾板高过待割作物穗头，或适当倒车，使拨禾轮离开待割作物，以免造成过多的冲击落粒损失。若行走卸粮（即一边收割，一边卸粮），联合收获机应以低速行进，收割机和运输车平行等速时，平稳接合卸粮离合器。卸完后，分离卸粮离合器，待卸粮搅龙停机后，给运输车卸粮完毕的信号。等运输车驶离后，联合收获机恢复原速收割（注意：换挡时，一般是应减小油门，但换挡要快，避免小油门时间过长）。

联合收获机的操作，除上述具体内容外，驾驶员要掌握适时收割。因作物状况、气候条件、地形地貌的不同，采取相应的措施，及时调整，及时检查、清理和保养，保持机器完好的技术状态，保证作业质量，争时抢收。

（三）安全规则

联合收获机操作复杂，作业条件多变，这不仅要求操作人员应具有较高的技术，而且必须具有安全生产的高度思想和技能，严格遵守安全规则，确保人身和机器的安全，顺利作业。

联合收获机安全规则主要有：

（1）实行操作责任制。各项操作专人负责，未经训练的人员不准驾驶。

（2）必须准确运用信号。发动机启动、传动接合、机器起步等，必须首先发出预定的信号，机组人员必须熟记且坚决遵守和服从。在上述操作前，先检查机器内外，确认无潜在故障后，再发信号和操作。

（3）作业中和在机器运转情况下，不允许进行保养、清理和故障排除。进行上述工作时，应机器熄火，或在有专人看管情况下进行，机器停车摘挡，分离工作离合器。

（4）在割台下维修，必须将割台用可靠的支撑物支好方可进行。因割台油缸为单作用油缸，割台靠自重降落。

（5）卸粮时，禁止人和铁器工具进箱推粮。

（6）工具、备件专人保管，修机用后注意清点，以防丢在机器内造成事故。

（7）注意防火。良好的灭火器和铁锹等器材随车；电线上不能有油污；发动机漏油、漏气应及时清理和排除；夜间收割、保养、加油或故障排除时，严禁用明火照明；机上和麦田内禁止吸烟。

（四）故障分析与排除

1.割台部分

（1）割刀堵塞。其原因可能是遇到木棍、金属丝等，卡住割刀；割刀间隙过大，茎秆弯斜，致使横塞在动、定刀的间隙中，最后使整个割刀堵塞；刀片或护刃器损坏，不能切割造成堵塞或割刀卡死。排除方法为发动机灭火，停车，清除障碍物；按要求重新调整间隙；更换刀片。

（2）拨禾板打落籽粒太多。其原因可能是拨禾轮转速太高，对作物冲击力太大或造成茎秆回弹，使成熟度较高的植株落粒；拨禾轮位置太高（相对于割刀），拨板（或弹齿）打击穗头；拨禾轮前移量太大，造成茎秆回弹，穗与拨板反复冲击而落粒。排除方法为降低拨禾轮转速；降低拨禾轮高度；后移拨禾轮。

（3）割台搅龙（推运器）堵塞。原因是螺旋叶片与割台地板间隙太小，螺旋与割台底板间的空间不足以推送割台上的物料而堵塞；割下的禾秆太短，不能及时被螺旋抓取，由于堆积，进入搅龙不均；拨禾轮太靠前，不能推送割下禾秆。排除方法为调大间隙；降低割台，增大禾秆长度；适当后移拨禾轮。

2.脱谷部分

（1）滚筒堵塞。其原因是滚筒转速太低，由于禾秆在脱粒间隙中滞留时间较长而使物层增厚，滚翻，以致堵塞；作物潮湿（或湿杂草太多），摩擦阻力大；喂入量太大，使滚筒超负荷。排除方法为提高滚筒转速；作物稍干后再收；降低机组前进速度。

（2）脱粒不净。其原因是滚筒转速太低，冲击、搓擦强度不够；喂入太多或喂入不均，物层太厚，对一些穗头冲击和搓擦不够；脱粒间隙大，搓擦强度不够；滚筒和凹板的脱粒部件磨损太重；作物太潮湿或籽粒瘪瘦。排除的方法是提高滚筒转速；降低机组转速或改善喂入状况（即调整输送喂入情况）；调小脱粒间隙；更换或修复脱粒零件；待作物稍干后收割。

（3）籽粒破碎严重。其原因是滚筒转速太高，冲击力过大；脱粒间隙太小，挤压籽粒。排除方法是降低滚筒转速；调大脱粒间隙。

3. 分离和清选部分

（1）逐稿器排出茎秆中夹带籽粒太多。其原因是键箱体内堆积堵塞，使籽粒不能继续穿过分离孔；作物潮湿或喂入过多，键上物层太厚，物层得不到应有的抛扔和膨松，籽粒不便穿过分离。排除方法为清除堆积物；适当降低机组速度。

（2）清粮筛排出的颖壳中籽粒过多。其原因是筛孔开度小，籽粒不能筛落；尾筛太低（倾角小），籽粒溜出；风量太大，吹出籽粒。排除方法为增大筛孔；调高尾筛；减小风量。

（3）粮食清洁度低。其原因是筛孔开度太大，将短秆杂余等与籽粒一起筛落；风量太小，未能吹走清杂物。排除方法为减小筛孔；增大风量。

（4）粮中穗头太多。其原因是下筛开度太大。排除方法为减小下筛筛孔开度。

（5）籽粒或杂余推运器堵塞。其原因是安全离合器过松；传动或链条太松，打滑或跳齿；内部积物太多。排除方法为停机，调整离合器、张紧带或链条；清除积物。

（6）升运器堵塞。其原因是刮板链条太松。排除方法是调整刮板链条张紧度。

第二节　玉米收获机械

玉米是我国大田主要作物之一，在全国种植范围广，面积大，种植面积约 2000 万 hm²。玉米收获作业量大，劳动强度高，在基本解决了小麦机械化收获的前提下，对玉米机械化收获的要求越来越迫切。我国目前生产的玉米收获机多为摘剥机。随着畜牧业的发展，青贮玉米收获机也在发展。

一、种类与用途

我国目前开发研制的玉米收获机大体可分为四种类型：背负式机型、自走式机型、玉米割台和牵引式机型。

（一）背负式玉米联合收获机

这类机型与拖拉机配套使用，可提高拖拉机的利用率、机具价格较低。现已开发和生产了单行、双行和三行三类产品，分别与小四轮及大、中型拖拉机配套使用，按照其与拖拉机的配置位置分为正置式和侧置式，正置式的背负式玉米收割机不需要人工开割道。可完成摘穗、剥皮、集穗、秸秆还田等作业。

（二）自走式玉米联合收获机

该类产品目前多为三行和四行两种。其摘穗机构有已定型的乌克兰赫尔松玉米收割机厂的结构，即摘穗板—拉茎辊—拨禾链组合机构，其籽粒损失率较小。秸秆粉碎装置有青贮型和还田型两种。操纵部分采用液压控制。

（三）玉米割台

国产玉米割台（不同于国外可实现直接脱粒收获的玉米割台）是与谷物联合收获机配套的专用割台，但无脱粒功能。换上玉米割台，可完成玉米摘穗、集穗、秸秆粉碎还田等收获作业。采用玉米割台，投资少，机械利用率高。当前全国有十多家企业开发生产玉米割台。

（四）牵引式玉米联合收获机

该机型是我国自行设计生产最早的一种机型结构简单。使用可靠、价格较低，为双行的拖拉机偏置牵引式，可完成摘穗、剥皮、秸秆粉碎作业。但机组长达 16m，转弯行走不便，需要开割道，因不适宜当前农村一般地块的使用，农村很少采用，目前仅在个别农场有少量应用。

二、结构与工作过程

（一）主要组成

国产 4YW-2 型纵卧辊式玉米摘剥机，主要由分禾器，拨禾链，摘穗辊，果穗第一、第二升运器，除茎器，剥皮装置，苞皮螺旋推运器，籽粒回收螺旋推运器和秸秆切碎装置等组成。

（二）工作过程

工作时，分禾器将秸秆导入秸秆输送装置，在拨禾链的拨送和挟持下，经纵卧辊前端的导锥进入摘穗间隙，摘下果穗，落入第一升运器送向升运辊，摘下残存的茎叶，落入剥皮装置。剥下苞皮的干净果穗落入第二升运器，送入机后的拖车中。

剥下的苞皮及夹在其中的籽粒、碎断茎叶一起落入苞皮螺旋推运器，在向外运送过程中，籽粒通过底壳上的筛孔落入籽粒回收螺旋推运器中，经第二升运器，随同清洁的果穗送入机后的拖车中，苞皮被送出机外。

摘完果穗的茎秆被茎秆切碎装置从根部切断后，再连续地切成碎段，抛撒在田间。

三、使用与调整技术

作业前，应对机械进行全面检查与调整，使其技术状态达到正常要求。适宜本地待收玉米的具体情况。卧辊式玉米摘穗剥皮机上主要有以下几方面的调整。

（一）摘穗辊间隙的调整

摘穗辊间隙的调整是通过调整机构变动摘辊前轴承的位置来实现的。摘辊工作间隙增大，可以改善抓取条件，但是会增加果穗的咬伤并减小拉引茎秆的能力。

收获乳熟期和腊熟期的玉米时，需适当增大摘辊的工作间隙，以提高抓取能力，并防止过多地拉断压碎茎秆。收获晚熟期特别是过熟期的玉米时，摘辊工作间隙应适当调小，以提高摘穗可靠性，并减少果穗损伤。一般两摘辊的工作间隙为茎秆直径的 10% ～ 40%，纵卧辊间隙常用 12 ～ 17mm，调节范围为 11-13mm。

（二）剥皮装置的调整

剥皮装置在使用中需调整剥辊贴紧程度和输送器位置。

每对剥辊应有适度的贴紧力，并且整个长度上贴紧力应该一致，若入口端有间隙，剥皮效果会下降，若出口端有间隙，会造成堵塞。所以两端必须协调调整。在 4YW-2 型玉米收获机上，剥辊间压紧力是通过调压螺母来调整的。每对剥辊间的压力不能过大，否则会使胶辊磨损过快。压送器相对剥辊的高低位置也是可调的。在果穗粗、产量高、苞叶松散的情况下，压送器应调高。反之，应降低。一般压送器的橡胶板与剥辊的距离为 20 ～ 40mm。

（三）扶导器与摘穗辊入禾高度的调整

扶导器的功用是将倒伏的玉米植株扶植起来，使之进入喂入机构和摘穗辊之间，防止漏收损失。依据玉米结穗部位的高低和倒伏情况，扶导器尖和摘穗辊尖的一般调整原则为：

（1）结穗部位低、倒伏严重时，摘穗辊尖和扶导器尖都应尽量低。摘辊尖低到不致刮地为止，扶导器尖贴近地面滑动。

（2）结穗部位高、倒伏严重时，摘辊尖可以适当提高，而扶导器尖仍应财近地面滑动。

（3）结穗部位高、茎秆直立时，摘辊尖和扶导器尖均应提高。

　　摘穗辊尖的高低是通过机架的起落机构来调整的。扶导器尖的位置除随起落机构变动外，还可通过专用机构进行调整。扶导器尖与扶导器身铰接，改变多孔连接板的固定孔位，即可调整扶导器尖的高低。

第三节　马铃薯机械收获技术

一、马铃薯机械收获的基本条件

（一）机械收获的耕地条件

1. 坡度小

马铃薯种植区一般多为丘陵高寒冷凉区，地块多数属于旱垣地，农机作业一般沿着坡地的水平方向作业，尽量避开坡度的影响，保证作业质量。马铃薯收获机组在坡地作业有一定的安全坡度值，一般在 8° 左右，若大于此值，马铃薯收获机组重心侧移，一是影响收获质量，二是容易造成机组侧翻。

2. 地面平

马铃薯机械化收获的地块要保持地面平整，没有坑洼，这是提高马铃薯机械化收获质量的基本条件。地面若有坑洼，将导致马铃薯收获机挖掘深度不稳定。遇到地面坑洼时，挖掘深度加大，拖拉机负荷增加，轻则薯土分离不清，重则马铃薯收获机组容易产生趴窝。遇到地面凸起时，挖掘深度减小，增大马铃薯破损率，降低马铃薯收净率。

3. 面积大

马铃薯机械化收获的特征是优质高效，前提是耕地面积要大，具备畦长堰宽的农田条件。马铃薯收获机在小块农田收获，既不利于机械化效率的提高，又增加作业成本。

4. 交通便利

马铃薯机械化收获，首先要保障马铃薯收获机组在马铃薯种植的地块之间运行通畅无阻，这就要求有一定宽度、较为平坦、适应机组行走的道路保障。因此，在马铃薯收获期，要将田间道路保养和维护好，时刻保持畅通状态，保障马铃薯收获机组在田间转移过程中的安全可靠。

5. 耕层深厚

马铃薯生长发育需保水、保肥性能较好的肥沃、疏松、深厚的土壤，利于块茎的膨大。这与马铃薯机械化收获的要求相适应，利于控制挖掘深度尽量，保持在马铃薯块茎生长深度内运行，以免打破犁底层而造成负荷的增加，影响薯土分离效果。

6. 土壤湿度正常

马铃薯机械化收获，要将马铃薯块茎从土壤中挖起并分离出来，这就对被收获马铃薯所在耕地的土壤含水率有一个基本的要求。同一种土壤由于含水率的不同，机械性质也有所不同。当水分较低时，土壤坚硬，马铃薯收获阻力很大；当含水量达到下塑限时，土壤较软，收获阻力较小，是土壤的适宜收获状态。当水分增多到达黏着限时，即出现黏着力，土壤便会黏附在马铃薯收获机的工作部件和行走装置上，收获阻力加大，薯土分离不净，甚至不能收获。

土壤随其含水量的不同，呈现为固体、塑性、流动三种不同的物理状态。在固体状态时，土壤互不黏结，也不会附着在马铃薯收获机的工作部件上，土垡容易破碎，薯土很好分离。但是，湿度小于10%的黏重土壤有很大的黏结性，可以形成坚硬的土块。在塑性状态时，土壤靠自重即可产生变形，土壤被筛落的性能提高，但这时马铃薯收获机组无法在田间正常收获。因此，马铃薯收获机在湿度较低、管理较好的马铃薯田间进行收获，土壤比较疏松，挖掘阻力较小，土壤容易被筛落。

7. 土壤无杂物

马铃薯机械化收获作业，其实质就是对马铃薯生长所在耕作层的过滤。整个过程挖掘铲处于深层切削移动土壤状态；转动筛、摆动筛等分离机构处于一定速度和幅度下过滤输送状态，达到马铃薯块茎的铺放与集运。因此，要求土壤中不得有石头、铁丝、铁钉、地膜、编织物等坚硬或者软质纤维等杂物，以免损坏挖掘铲，卡死转动筛，堵塞分离机构，影响马铃薯机械化收获质量。

（二）机械化收获的农艺条件

机械化作为农艺措施的载体，就必然要与农艺措施相互适应、相互促进，只有这样才能提升现代化农业的技术与装备水平。

1. 种植深度

马铃薯种植深度不宜过深，播种过深或预整地不得法，马铃薯生长会过深，不利于机械化收获。

2. 种植行距

马铃薯的种植行距不宜太窄，过窄将影响马铃薯机械化收获时的对行，增大马铃薯块茎的损伤；过宽则影响马铃薯种植密度和产量的提高。最好采用宽窄行密植，既能保障密度和产量，又便于机械化对行收获，还有利于马铃薯在良好的通风透光环境下生长。

3. 种植模式

马铃薯由于气候、土壤、水肥、品种等条件的不同，形成了平植、垄植、地膜种植等多种种植模式，不同的种植模式在推广应用中都要与马铃薯机械收获技术相适应、相配套。

（1）平植模式。平植模式是丘陵高寒冷凉旱作区的主要种植模式，技术的关键是保墒，尽量少翻动耕层土壤，在白茬地上伴随耕地过程完成施肥、播种、耢耱作业。最适宜机械化收获的是宽窄行密植，宽行60cm做通道，窄行40cm种植株距为30cm的两行马铃薯，既有利于通风透光，又便于马铃薯收获机对行收获，减少破损率，提高收净率。但是，相对垄植马铃薯机械化收获来讲，动力消耗大，薯土分离效果差。

（2）垄植模式。这是高水肥地块的主要种植模式，技术的关键是起垄播种。垄植可以充分利用地力和空间，有效提高马铃薯生长过程的通风、透光和防涝效果。这一种植模式不仅方便马铃薯中耕、施肥、培土作业，而且很适宜马铃薯收获机对垄作业。一般要求马铃薯收获机作业宽幅大于60cm或成倍递增。收获过程动力消耗少、分离效果好、破损率低、收净率高。

（3）地膜种植模式。在水肥条件较好的城镇郊区采用地膜覆盖种植马铃薯，不仅可使马铃薯提前上市，增加效益，而且可以增加产量，提高品质。地膜种植模式的马铃薯机械化收获宜选用分离效果好的马铃薯收获机，作业时要对行收获，特别注意秧蔓和地膜造成的缠绕堵塞。

二、收获前的准备

（一）地块的准备

马铃薯种植地块一般比较分散，给马铃薯机械化收获增添了地块转移频繁、有效时间利用率低的困难。为了克服困难，尽可能地提高马铃薯机械化收获的质量和效率，须认真做好以下准备工作。

（1）应有专人或利用农村经济组织等中介机构提前联系好马铃薯收获地块，确保马铃薯收获机能不间断或少间断地进行马铃薯收获，减少等待时间，以提高机组经济效益。

（2）在已经联系好的若干地块进行马铃薯机械化收获时，要尽量使不同用户的地块按地界就近连片收获，减少机组地块转移占用时间，提高机组有效时间利用率。

（3）充分了解计划收获地块的地形、坡度、地界和面积，查看田间有无障碍物、塌陷、石块，对不能移动的障碍物应该做好明显标记。

（4）了解马铃薯的品种、用途、播种深度、种植行距以及马铃薯块茎的最大深度等情况，相应地对马铃薯收获机进行调整。

（5）为便于机组掉头转弯且不损伤马铃薯块茎，待收获马铃薯地块两头，应由人工收获，其宽度一般为机组长度的 1.5～2 倍。也可采用机械收获、人工辅助挖掘漏挖边角的办法，完成地头马铃薯收获。

（6）人工填平待收获马铃薯地块的沟渠、坑洼，铲平横向埂、垄，清除石块等障碍物，便于马铃薯收获机安全收获。

（7）秧蔓处理。马铃薯秧蔓在机械收获前一般需要处理，以避免堵塞，提高机械收获质量和效率。

处理方式主要有：

①人工秧蔓处理：由马铃薯种植户在机械收获前将马铃薯秧蔓收割。

②机械秧蔓处理：准备机械化收获的马铃薯地块，在收获前几天，采用秧蔓处理机械或用直刀式秸秆粉碎还田机进行秧蔓处理。

③化学秧蔓处理：主要是在收获前 10 天利用"克无踪""敌草快"等

除草剂进行机械喷洒，促使秧蔓干枯。

④高寒冷凉区的晚熟品：一般均可达到生理成熟期，且易受早霜影响，秧蔓基本上干枯，可免去除秧蔓环节，直接进行收获。

（二）机组准备

马铃薯收获机组是马铃薯收获农艺技术的载体，为了保障收获达到或超过农艺技术要求，马铃薯收获机组要做好充分的准备。

（1）马铃薯收获机应保持良好的技术状态，各项调整满足农艺要求。

（2）配套的拖拉机必须经过安全技术检验合格，并符合马铃薯收获机的配套要求，液压悬挂机构完好，部件齐全，操作灵活可靠。

（3）燃油储备。马铃薯收获地块一般远离加油站，应准备好一定数量的燃油，以保障收获效率的提高。

（4）保养维护物质的准备。保养常用的润滑油、润滑脂、水以及常用工具等物资要保证及时提供。

（三）机组人员准备

机组人员的操作技术直接影响着马铃薯机械收获的质量和效率。因此，马铃薯机械化收获对机组人员有较高的要求。

（1）机组人员除熟悉拖拉机操作使用技术外，还必须掌握马铃薯收获机的结构、原理、调整、使用和维修技术。

（2）机组人员必须持有合格的拖拉机驾驶执照，并经过农机部门或生产企业对马铃薯收获机的专门技术培训。

（3）机组人员配备至少两人，相互之间要密切配合。

（四）辅助人员准备

辅助人员主要用于分段收获时对铺放在地面的马铃薯进行捡拾。为提高机组收获效率，避免铺放在地表的马铃薯长时间受风吹日晒降低品质，机组须配备足够的辅助人员。一般小型马铃薯收获机应配备辅助人员3～5人；中型马铃薯收获机应配备辅助人员5～7人；大型马铃薯收获机应配备辅助人员7～9人。

（五）包装运输机械准备

马铃薯收获后，要准备好足够的马铃薯包装物资和运输机械，以保障马铃薯运输到具体的市场、加工、贮藏等场所。

（六）规划合理的收获方案

马铃薯机械化收获前，要根据马铃薯的收获市场动态、被收获地块形状土质等情况确定合理的收获方案，以提高收获效率和获取较高的经济收入。

（1）确定合理的收费标准。应遵守当地有关收费标准规定，不得随意定价或乱涨价，对于在收获前进行的机械杀秧蔓或收获后拉运等费用，要合理地累加收费。

（2）规划合理的收获路线。为减少马铃薯收获机调头难度，避免空行，应合理制定收获路线。

①马铃薯收获机组在地头入土前，要摆正拖拉机，对准所要收获的薯行。入土要及时准确，不要过早或过迟入土，以免漏挖或重挖。

②马铃薯收获机的收获路线主要有离心法、向心法和分区收获法。离心法、向心法和耕地内翻外翻法相同，这种收获方法比较简单；分区收获方法转弯容易，机组收获速度快，效率高，适用于大面积收获。

三、马铃薯收获机的正确操作

（1）拖拉机驾驶员必须经过马铃薯机械化收获的技术培训，持有农机部门颁发的有效驾驶证件，并具有丰富的农田收获经验。

（2）拖拉机起步前必须观察四周，确认安全后，鸣号起步。

（3）正确选择合理的收获速度。根据土壤类型、湿度、坚实度、种植深度等选择收获速度，匀速行驶。

（4）拖拉机液压手柄应放在适当位置。

（5）收获时驾驶员应全神贯注，随时观察马铃薯收获机的收获质量，如有异常现象发生，应立即停机检查。

（6）马铃薯收获机组在收获时禁止后退。

（7）应在停机切断动力的安全状态下及时清理马铃薯收获机上的秧

蔓、杂草和其他壅堵物。

（8）挖掘铲中心线应对准薯行（垄）中心线，以确保不漏挖，不伤薯。

四、不同种植模式的马铃薯收获

马铃薯种植由于地理、气候、品种等条件的不同，形成了不同的种植模式。马铃薯机械化收获要采取不同的措施，以适应各种马铃薯种植模式的收获。

（一）平植马铃薯机械化收获

马铃薯种植区域大部分为丘陵山区，水肥条件较差，多年以来形成了传统的平植模式。平植马铃薯机械化收获难度较大，应注意以下几个方面的操作与调整。

1.准确对行，接行操作

马铃薯收获机在平植区收获时，既要准确对行，又要准确接行，以免漏收或重复收获。漏收将造成不必要的收获损失，重复收获则带来机械收获效率的下降，增加收获成本。平植马铃薯对行、接行进行机械化收获难度较大，特别是收获人畜力平植的马铃薯和霜后秧蔓干枯的马铃薯，对行、接行难度更大，这就要求操作人员通过实际操作，认真积累经验，不断提高操作技术水平。

2.调整圆盘刀，分离收获区域

马铃薯收获机的圆盘刀，在平植马铃薯收获中，圆盘刀起着重要的作用。圆盘刀将收获土壤与待收获土壤切开，同时也将秧蔓、杂草切断，提高了土壤与马铃薯块茎的输送能力，减少了输送阻力。圆盘刀的调整主要是调整切土深度，应小于挖掘深度。

3.调整分离机构，减少动力损耗

马铃薯收获机在不同的土壤中收获，动力消耗各不相同，随着地块的转移和土壤类型的变化，要求对马铃薯收获机分离装置进行适当的调整。在沙壤土的耕地上收获，马铃薯块茎与土壤比较容易分离，所以对马铃薯收获机的薯土分离机构要做相应的调整，降低振动频率与振动幅度以及减小筛面倾斜角度。部分马铃薯收获机可以将副筛去掉，减小动力消耗，提高马铃薯收获质量。

4.调整牵引阻力，防止趴窝

马铃薯平植区的土质多为沙壤土，拖拉机在沙壤土质的耕地上牵引马铃薯收获机进行马铃薯收获，拖拉机驱动轮附着系数较低，极易产生趴窝现象。因此，要做好四个方面的调整。

（1）在沙壤土地块进行马铃薯收获，马铃薯收获机比较容易入土，所以，对马铃薯收获机的入土角要做出相应的调整，减小入土角，降低马铃薯收获机牵引阻力。

（2）适当增加拖拉机驱动轮配重，提高拖拉机行走正压力，防止拖拉机趴窝现象发生。

（3）根据马铃薯收获中负荷变化，合理调整前进速度和油门大小，保持拖拉机匀速行驶。

（4）更换较大功率的拖拉机。

（二）垄植马铃薯机械化收获

垄植是马铃薯在高水肥种植区域普遍采用的一种高产种植模式。对机械化收获而言，可明显地分辨薯行，具有良好的对行条件。相对平植模式，土壤喂入量较少，约为平植的70%，收获阻力较小。在马铃薯机械化收获时应做好三个方面的调整。

（1）机械收获垄植马铃薯时，要注意拖拉机轮距的调整，使拖拉机轮胎中心和垄沟中心相对应，这样可以有效地避免在收获中损伤待收行的马铃薯，降低伤薯率。

（2）机械收获垄植马铃薯时，要注意收获地块的土质情况，对于沙性土壤的地块，要使薯土分离装置的振动幅度调整到较小状态。对于黏重土壤的地块，要将薯土分离装置的振动幅度调整到较大状态。

（3）机械收获垄植马铃薯时，要注意前进速度和油门大小的合理调整。

（三）地膜种植马铃薯机械化收获

地膜种植马铃薯是一种较新的种植模式，其目的是增加产量，提前上市，增加种植收益。地膜种植马铃薯的机械化收获和垄植马铃薯的机械化收获基本相同，不同的是增加了地膜因素的影响。因此，机械收获地膜种植的马铃薯时要注意几个问题：

（1）由于地膜种植的马铃薯生长期较短，收获期地膜还基本完好，在机械收获中，辅助人员要在马铃薯收获机后面较安全的距离内，跟着捡拾地膜，以免在机械收获中因捡拾地膜不及时被马铃薯收获机运转部位缠绕。如有缠绕现象发生，应立即停机切断动力，及时排除。

（2）在机械收获地膜种植的马铃薯时，由于土质的不同，马铃薯收获机需要根据土质进行适当的调整，以适应不同土质要求。调整方法和垄植马铃薯机械化收获相同。

（3）由于地膜种植的马铃薯收获较早，在收获季节秧蔓还没有干枯。为了不影响马铃薯机械收获效果，秧蔓必须在机械收获前进行处理，主要方法是人工割秧、机械除秧、化学杀秧。

五、地块转移与运输

由于马铃薯种植地块比较分散，种植规模化程度较低，马铃薯机械化收获地块转移也就比较频繁，需按正确的方法进行。操作不当，则会造成马铃薯收获机悬挂机构、机架以及工作部件的损伤，轻者影响马铃薯收获机的正常收获，重者造成人员伤亡。为此，在马铃薯收获机地块转移中应遵循以下原则：

（1）马铃薯收获机组在准备地块转移时，需切断拖拉机动力输出轴的动力，操纵液压手柄，缓慢地将马铃薯收获机提升至运输状态，同时用锁定装置将拖拉机液压悬挂机构锁定在提升位置。

（2）严禁在马铃薯收获机上放置重物，更不允许坐人。

（3）清除马铃薯收获机挖掘铲、分离装置等部件上的秧蔓、地膜、泥土等杂物。

（4）马铃薯收获机组进行地块转移时，要选择道路宽广、路面平整以及桥梁的通过性较好的行驶路线。

（5）马铃薯收获机组转移过程中要注意道路两侧的树木是否阻碍马铃薯收获机组的通过。路面选择要远离沟渠边缘，防止压塌，造成翻车事故。

（6）马铃薯收获机组从田间道路驶上公路时，要严格遵守交通规则，认真观察公路上的来往车辆，确认安全后再驶入公路，严格按照交通规则行驶，防止发生交通事故。

（7）马铃薯收获机组上下坡时，要选好挡位，中途不准换挡。下坡时，严禁空挡滑行。过沟过埂时，应减速慢行，以免损伤马铃薯收获机。

（8）马铃薯收获机组长途运输时，马铃薯收获机必须装在拖车或运输车内运输，最好是马铃薯机组整体运输。

六、注意事项

（1）机组操作员和辅助工作人员应密切配合，收获时马铃薯收获机上严禁坐（站）人，闲杂人员等应远离马铃薯收获机组。

（2）机组操作人员不准穿宽松服装，妇女应包好发辫。

（3）万向传动轴与拖拉机、马铃薯收获机的连接必须安装到位，并用锁销固定，以防脱落伤人或损坏马铃薯收获机组。

（4）收获起步时，应注意机组周围是否有人或障碍，做到鸣号起步。

（5）马铃薯收获机组在收获时，驾驶员要随时观察马铃薯收获机状态，如有异常，应立即停机检查。

（6）马铃薯收获机组在收获作业中，严格禁止清理堵塞物或倒车。

（7）马铃薯收获机组操作人员换班时，应将机组技术状态及发生的故障详细告诉接班人员，故障未排除前不得使用。

（8）马铃薯收获机组保养和排除故障时，应切断拖拉机动力输出轴的动力，将马铃薯收获机降至地面。待拖拉机停稳后，在熄火制动状态下进行。若需要在提升状态下保养和排除故障时，要在修理专用地沟内进行。

参考文献

安徽省革命委员会农业机械管理局编. 1978. 农业机械 [M]. 合肥：安徽
　　人民出版社.

本书编委会. 2015. 农业机械、农村能源 [M]. 兰州：甘肃科学技术出
　　版社.

曹阳. 2019. 中国农机财政补贴政策问题研究 [D]. 洛阳：河南科技大学.

曹志超. 2019. 可克达拉农机服务农民专业合作社运行机制问题研究 [D].
　　石河子：石河子大学.

陈佳奇. 2019. 仿生凸包结构镇压轮的设计与试验 [D]. 哈尔滨：东北农
　　业大学.

陈小刚. 2014. 丘陵农业机械使用与维护 [M]. 重庆：重庆大学出版社.

陈奕婷. 2019. 一种耕走分离式微耕机的设计研究 [D]. 重庆：重庆理工
　　大学.

戴旭东. 2019. 典型农业机械柴油机排放清单与测试循环研究 [D]. 杭州：
　　浙江大学.

福建省农业机械局. 1980. 农业机械 [M]. 福州：福建人民出版社.

郭建永. 2019. 旋耕刀自纳米化耐磨层制备及磨损性能研究 [D]. 大庆：
　　黑龙江八一农垦大学.

黄斐. 2019. 江西省农业劳动力老龄化对土地流转的影响研究 [D]. 南昌：
　　江西财经大学.

吉林省农业厅教材编辑委员会. 1959. 农业机械 [M]. 长春：吉林人民出
　　版社.

李昊. 2019. 中联重科并购奇瑞重工财务绩效研究 [D]. 石家庄：河北经

贸大学,

李森森. 2019. 中耕期玉米田间避苗除草装置设计及试验研究 [D]. 长春：吉林大学.

李绪兰. 2014. 农业机械构造与维护 [M]. 银川：宁夏人民出版社.

李洋. 2019. 基于 Qt 平台的无人插秧机远程监控系统设计 [D]. 镇江：江苏大学.

李义博. 2019. 玉米收获机清选装置内杂余抛送器设计与试验 [D]. 哈尔滨：东北农业大学.

廖扬. 2019. 农村劳动力老龄化对中国农业经济的影响及空间效应的实证分析 [D]. 南昌：江西财经大学,

刘波. 2019. 柑橘采摘机器人移动平台视觉导航系统研究 [D]. 重庆：重庆理工大学.

刘宏俊. 2019. 东北丘陵地区播种机镇压装置关键技术研究 [D]. 哈尔滨：东北农业大学.

刘娜. 2019. 窝眼轮式玉米精量排种器改进设计与试验研究 [D]. 咸阳：西北农林科技大学.

刘思. 2019. 基于支付矩阵的两种农机购置补贴政策的比较研究 [D]. 南昌：江西财经大学,

娄诚. 2019. 长江中游地区耕地利用效率时空演变特征及影响因素研究 [D]. 南昌：江西财经大学.

马振. 2019. 基于机器视觉的农用车辆导航线提取算法研究 [D]. 西安：陕西科技大学.

马梓洋. 2019. 八五二农场农业机器系统优化配备研究 [D]. 哈尔滨：东北农业大学.

米兰. 2019. 农地适度规模经营的效率研究 [D]. 沈阳：辽宁大学.

潘高翥. 2019. 农机服务组织对农业机械化的影响研究 [D]. 武汉：华中师范大学.

乔洋. 2019. 农机作业服务公司为主体的农机共享模式发展研究 [D]. 烟台：烟台大学.

（苏）杜尔宾（Б.Г.Турбин）著；彭嵩植译. 1957. 农业机械 [M].

北京：财政经济出版社.

孙浩. 2019. 集排带式排种器的设计与试验 [D]. 哈尔滨：东北农业大学.

孙莉雯. 2019. 残膜卷拾机设计与试验研究 [D]. 咸阳：西北农林科技大学.

孙日源. 2019. 烟台市家庭农场经营效率及其影响因素研究 [D]. 烟台：烟台大学.

孙文龙. 2019. 小型半轴式除草机的设计及试验研究 [D]. 长沙：中南林业科技大学.

汪进. 2019. 乡村振兴战略背景下寿县农业机械化推进政策研究 [D]. 合肥：安徽大学.

王奇. 2019. 行间清秸耕整关键技术及条带耕整机研究 [D]. 长春：吉林大学.

王瑞. 2019. 卓越农机化人才成长机理与培养体系研究 [D]. 长春：吉林大学.

王文君. 2019. 玉米优质种床构建关键技术及行间耕播机研究 [D]. 长春：吉林大学.

翁武雄. 2019. 水田双向修筑埂机设计与试验研究 [D]. 哈尔滨：东北农业大学.

闫冰. 2019. 海南省农业全要素生产率变动影响因素的空间计量研究 [D]. 北京：北京邮电大学.

杨璐. 2019. 河南省农业机械化水平提升研究 [D]. 洛阳：河南科技大学.

杨玉婉. 2019. 鼹鼠前足多趾组合结构切土性能研究与仿生旋耕刀设计 [D]. 长春：吉林大学.

殷彦强. 2019. 基于模块化设计的马铃薯收获机设计研究 [D]. 贵阳：贵州大学.

翟俊丞. 2019. 中国粮食主产区农业劳动生产率影响因素比较研究 [D]. 重庆：重庆师范大学.

张玲玲. 2019. 黄土高原冬小麦产量差及其水氮利用效率分析 [D]. 北京：中国科学院大学（中国科学院教育部水土保持与生态环境研究中心）.

张启楠. 2019. 要素投入的技术效率对主产区粮食产量增长的影响研究 [D]. 长沙：中南林业科技大学.

张强. 2016. 农业机械学 [M]. 北京：化学工业出版社.

张勇. 2019. 农机云制造服务平台关键技术研究 [D]. 石河子：石河子大学.

赵明岩. 2019. 基于电容法肥箱料位检测装置的设计与试验研究 [D]. 大庆：黑龙江八一农垦大学.

郑晓雪. 2019. 吉林省农作物生产水足迹变化及影响因素研究 [D]. 东北

朱亚楠. 2019. 我国农业机械商业生态系统形成机理及对策研究 [D]. 北京：中国矿业大学.